全国高等职业教育技能型紧缺人才培养培训推荐教材

建筑装饰施工（上）

（建筑装饰工程技术专业）

本教材编审委员会组织编写

主编　武佩牛
主审　陆化来

中国建筑工业出版社

图书在版编目（CIP）数据

建筑装饰施工（上）/武佩牛主编. —北京：中国建筑工业出版社，2005
全国高等职业教育技能型紧缺人才培养培训推荐教材.建筑装饰工程技术专业
ISBN 978-7-112-07174-6

Ⅰ. 建... Ⅱ. 武... Ⅲ. 建筑装饰-工程施工-高等学校：技术学校-教材 Ⅳ. TU767

中国版本图书馆 CIP 数据核字（2005）第 081594 号

全国高等职业教育技能型紧缺人才培养培训推荐教材
建筑装饰施工（上）
（建筑装饰工程技术专业）
本教材编审委员会组织编写
主编　武佩牛
主审　陆化来
*
中国建筑工业出版社出版、发行（北京西郊百万庄）
各地新华书店、建筑书店经销
廊坊市海涛印刷有限公司印刷
*
开本：787×1092 毫米　1/16　印张：13¼　字数：320 千字
2005 年 9 月第一版　2014 年 11 月第六次印刷
定价：**19.00** 元
ISBN 978-7-112-07174-6
（13128）

版权所有　翻印必究
如有印装质量问题，可寄本社退换
（邮政编码 100037）

本教材是根据 2004 年建设部高等职业学校建筑装饰装修领域技能型紧缺人才培养培训指导方案中的教学与训练项目进行编写的。内容包括：吊顶装饰施工，轻质隔墙施工，门窗安装三部分的内容。

本教材适用于高等职业学校建筑装饰工程技术专业的教师、学生，也可供其他层次相关人员作为教学用书和自学用书。

*　　*　　*

本书在使用过程中有何意见和建议，请与我社教材中心（jiaocai@china-abp.com.cn）联系。

责任编辑：朱首明　杨　虹
责任设计：郑秋菊
责任校对：关　健　王雪竹

本教材编审委员会

主　任：张其光

副主任：杜国诚　陈　付　沈元勤

委　员：（按姓氏笔画为序）

马小良　马松雯　王　萧　冯美宇　江向东　孙亚峰

朱首明　陆化来　李成贞　李　宏　范庆国　武佩牛

钟　建　赵　研　高　远　袁建新　徐　辉　诸葛棠

韩　江　董　静　魏鸿汉

序

改革开放以来，我国建筑业蓬勃发展，已成为国民经济的支柱产业。随着城市化进程的加快、建筑领域的科技进步、市场竞争的日趋激烈，急需大批建筑技术人才。人才紧缺已成为制约建筑业全面协调可持续发展的严重障碍。

面对我国建筑业发展的新形势，为深入贯彻落实《中共中央、国务院关于进一步加强人才工作的决定》精神，2004年10月，教育部、建设部联合印发了《关于实施职业院校建设行业技能型紧缺人才培养培训工程的通知》，确定在建筑施工、建筑装饰、建筑设备和建筑智能化等四个专业领域实施技能型紧缺人才培养培训工程，全国有71所高等职业技术学院、94所中等职业学校、702个主要合作企业被列为示范性培养培训基地，通过构建校企合作培养培训人才的机制，优化教学与实训过程，探索新的办学模式。这项培养培训工程的实施，充分体现了教育部、建设部大力推进职业教育改革和发展的办学理念，有利于职业院校从建设行业人才市场的实际需要出发，以素质为基础，以能力为本位，以就业为导向，加快培养建设行业一线迫切需要的高技能人才。

为配合技能型紧缺人才培养培训工程的实施，满足教学急需，中国建筑工业出版社在跟踪"高等职业教育建设行业技能型紧缺人才培养培训指导方案"编审过程中，广泛征求有关专家对配套教材建设的意见，组织了一大批具有丰富实践经验和教学经验的专家和骨干教师，编写了高等职业教育技能型紧缺人才培养培训"建筑工程技术"、"建筑装饰工程技术"、"建筑设备工程技术"、"楼宇智能化工程技术"4个专业的系列教材。我们希望这4个专业的系列教材对有关院校实施技能型紧缺人才的培养培训具有一定的指导作用。同时，也希望各院校在实施技能型紧缺人才培养培训工作中，有何意见和建议及时反馈给我们。

建设部人事教育司
2005年5月30日

前　言

本教材根据2004年建设部高等职业学校建筑装饰装修领域技能型紧缺人才培养培训指导方案中的教学与训练项目相应课题编写，包含了所要求的内容，是建筑装饰装修专业技能型紧缺人才培养培训系列教材之一。

本教材的内容组织体系为理论知识、基本技能、能力拓展三大块。理论知识为构造知识、材料性能、施工机具技术指标、施工技术等；基本技能为制识图能力、工艺组织设计与管理、质量与安全技术措施、产品检测、产品保护方法及工艺操作等；能力拓展是指在已有的知识和能力的基础上，通过查阅资料找出解决有关问题的方法，实施相应项目的实训。

本教材基本上按"工作导向"的课题模式编写，特别适宜采用"项目教学法"进行教学。

本教材除作为高等职业学校建筑装饰工程技术专业教学用书外，也可供其他层次的相关人员作为教学用书或自学用书。

本教材主编为上海建峰学院武佩牛，主审为南京职教中心陆化来。编写人员为上海建峰学院武佩牛、上海建峰学院潘福荣、徐州建筑职业技术学院江向东，其中武佩牛编写了单元1及单元3的大部分，江向东编写了单元2，上海建峰学院潘福荣编写了单元3中的实训课题。另外，上海建峰学院邵东东为资料的收集和文字的整理做了大量工作。

目 录

单元1 吊顶装饰施工
课题1　吊顶的基本知识 …………………………………………………………… 1
课题2　施工准备与工后处理 ……………………………………………………… 26
实训课题 …………………………………………………………………………… 44
思考题与习题 ……………………………………………………………………… 63

单元2 轻质隔墙的施工
课题1　轻质隔墙的基本知识 ……………………………………………………… 64
课题2　施工准备与工后处理 ……………………………………………………… 95
实训课题 …………………………………………………………………………… 108
思考题与习题 ……………………………………………………………………… 114

单元3 门窗安装
课题1　门窗的基本知识 …………………………………………………………… 116
课题2　施工准备与工后处理 ……………………………………………………… 158
实训课题 …………………………………………………………………………… 179
思考题与习题 ……………………………………………………………………… 202

主要参考文献 ……………………………………………………………………… 204

单元 1 吊顶装饰施工

知识点：吊顶的结构构造、施工工艺与方法、饰面材料的性能与技术指标、质量验收标准与检验方法、安全技术、成品与半成品保护方法。

教学目标：能熟练地识读顶棚装饰施工图，能对节点详图进行施工翻样，能熟练地选用施工机具、装饰材料，进行测量放线和机具常规维护，能对分项工程施工质量进行验收。

课题 1 吊顶的基本知识

1.1 吊顶的定义、功能和结构组成

1.1.1 吊顶的概念

顶棚，又称为天棚、天花板、平顶等，它是室内空间的上顶界面，在围合成室内环境中起着十分重要的作用，是建筑组成中的一个重要部件。

在单层建筑物或多、高层建筑物的顶层中，顶棚一般位于屋面结构层下部；在楼层中，顶棚一般位于楼板层的下部位置。

顶棚的装饰设计，往往体现了建筑室内的使用功能、建筑声学、建筑照明、设备安装、管线埋设、防火安全、维护检修等多方面的因素，从而采用一定的艺术形式和相应的构造类型。

顶棚的构造类型，从房间中垂直位置及与楼层结构关系上分，有直接式顶棚和悬吊式顶棚两大类。

直接式顶棚是指把楼层板底直接作为顶棚，在其表面进行抹灰、涂刷、裱糊等装饰处理，形成设计所要求的室内空间界面。这种方法简便、经济，且不影响室内原有的净高。但是，对于设备管线的敷设、艺术造型的建立等要求，存在着无法解决的难题。

悬吊式顶棚是指在楼屋面结构层之下一定垂直距离的位置，通过设置吊杆而形成的顶棚结构层，以满足室内顶面的装饰要求。这种方法为满足室内的使用要求创造了较为宽松的前提条件。但是，这种顶棚施工工期长、造价高，且要求房间有较大的层高。

悬吊式顶棚简称为吊顶，在本单元中，我们主要讨论与学习的是悬吊式顶棚装饰施工的有关内容。

1.1.2 吊顶的功能

由于建筑具有物质和精神的双重性，因此，吊顶兼具满足使用功能的物质要求和满足人们在文化气息、生活习惯、生理、心理等方面的精神需要的作用。

（1）改善室内环境，满足使用功能要求

吊顶的处理不仅要考虑室内的装饰效果和艺术风格的要求，而且要考虑室内使用功能对建筑技术的要求。照明、通风、保温、隔热、吸声或反射声、音响、防火等技术性能，直接影响室内的环境与使用。如：剧场的吊顶，要综合考虑光学、声学设计方面的诸多问

题。在表演区，多采用集中照明、面光、聚耳光、追光、顶光甚至墙脚光一并采用。剧场的吊顶则应以声学为主，结合光学的要求，做成多种形式的造型，以满足声音反射、漫反射、吸收和混响方面的要求。

(2) 装饰室内空间

吊顶是室内装饰的一个重要组成部分，它是除墙面、楼地面之外，用以围合成室内空间的另一个重要界面。它从空间造型、光影、材质等诸方面来渲染环境，烘托环境气氛。

不同功能的建筑和建筑空间对吊顶装饰的要求不尽一致，装饰构造的处理手法也有区别。吊顶选用不同的处理方法，可以取得不同的空间感觉。有的可以延伸和扩大空间感，对人的视觉起导向作用；有的可使人感到亲切、温暖、舒适，以满足人们生理和心理的需求。如建筑物的大厅、门厅，是建筑物的出入口、人流进出的集散场所，它们的装饰效果往往极大地影响着人的视觉对该建筑物及其空间的第一印象，所以，入口常常是重点装饰的部位。它们的吊顶，在造型上多运用高低错落的手法，以求得富有生机的变化；在材料选择上，多选用一些不同色彩、不同纹理和富于质感的材料；在灯具选择上，选用高雅、华丽的吊灯，以增加豪华气氛。可见，室内装饰的风格与效果，与吊顶的造型、吊顶装饰构造方法及材料的选用之间有着十分密切的关系。因此，吊顶的装饰处理对室内景观的完整统一及装饰效果有很大影响。

(3) 安置设备管线

在吊顶的结构层中，可以敷设各种设备及有关的管线。随着生活水平、文化水平、科技水平的不断提高，各种设备的日益增多，对房间的装饰要求也趋向多样化与复杂化，相应的设备管线也增多、扩大，而吊顶为这些设备管线的安装提供了较好的条件。

吊顶中的设备管线一般有通风管道、防火管线、强电线路与弱电线路以及其他有特殊要求的路线管道。有些建筑室内空间，还对吊顶空间提出了特定的功能要求，例如观众厅上部的灯光控制室，有时直接设于吊顶空间中。

综上所述，吊顶装饰是技术需求比较复杂，施工难度较大的装饰工程项目。在施工中必须结合建筑内部的体量、装饰效果的要求、经济条件、设备安装情况、技术要求及安全问题等各方面综合考虑。

1.1.3 吊顶的结构组成

吊顶由四个基本部分所组成，即吊筋、结构骨架层、装饰面层及附加层所组成，如图1-1所示。

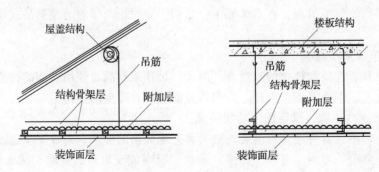

图 1-1 吊顶的结构组成

(1) 吊筋

吊筋是连接龙骨和屋顶承重结构（屋面板、楼板、大梁、檩条、屋架等）的承重传力构件。吊筋的作用主要是承受顶棚荷载，并将这些荷载传递给屋面板、楼板、屋顶梁、屋架等部位。其另一作用是用来调节、确定悬吊式顶棚的空间高度，以适应不同场合、不同艺术处理上的需要。

吊筋的形式和材料的选用，与吊顶的自重及吊顶所承受的灯具、风口等设备荷载的重量有关，也与龙骨的形式和材料，屋顶承受结构的形式和材料等有关。

吊筋可采用钢筋、型钢或方木等加工制作。钢筋用于一般顶棚；型钢用于重型顶棚或整体刚度要求特别高的顶棚；方木一般用于木质骨架的顶棚。

如采用钢筋做吊筋，一般不小于 $\phi 6mm$，吊筋应与屋顶或楼板结构连接牢固。钢筋与吊顶骨架可采用螺栓连接，挂牢在结构中预留的钢筋钩上。木骨架可以用 $50mm \times 50mm$ 的方木作吊筋。

常见吊筋安装构造方式主要有以下几种：

1）预制板缝中吊筋的安装

在预制板缝中安设吊筋的方法有两种，即所谓的通筋法和短钢筋法。

通筋法是板缝中浇筑细石混凝土时，沿板缝方向通长设置 $\phi 8 \sim \phi 12mm$ 钢筋，另将吊筋系于此上并从板缝中伸出。吊筋的直径和伸出长度的大小，要视具体情况而定。若吊筋直接与骨架连接，一般用 $\phi 6mm$ 或 $\phi 8mm$ 钢筋，伸出长度可按板底到骨架的高度再加上绑扎尺寸确定。若在此吊筋上要另焊接吊杆或绑扎吊杆钢筋，则此钢筋多用 $\phi 12mm$ 钢筋，抽出长度以伸出板底 100mm 确定。

短钢筋法是在两个预制板的板顶，横放长 400mm、$\phi 12mm$ 的钢筋段，设置距离为 1200mm 左右一个，具体尺寸应按吊筋间距确定。吊筋与此钢筋段连接后用细石混凝土灌实，如图 1-2 所示。

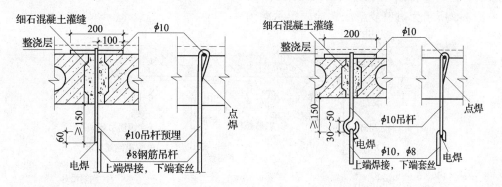

图 1-2 预制板中的吊筋设置

2）现浇钢筋混凝土板上吊筋的安装

现浇钢筋混凝土板上吊筋的安装，有三种方法可供选择：

（a）预埋吊筋法 即在浇筑混凝土楼板时，按吊筋间距，将吊筋的一端打弯勾放在现浇层中，另一端从木模板上的预留孔中伸出板底，其他要求同预制板中设筋时同样考虑，如图 1-3 所示。

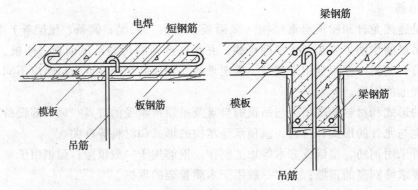

图 1-3 预埋钢筋

（b）预埋件法 即在现浇混凝土时，先在模板上放置预埋件。待浇筑拆模后，通过吊杆上安设的插入销头将预埋件和吊筋相互连接起来，如图1-4所示。

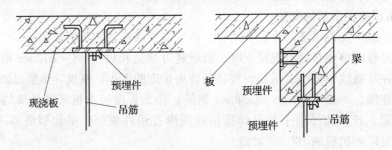

图 1-4 预埋钢件

（c）射钉固定法 即将射钉打入板底，然后在射钉上焊接吊筋或在射钉上穿钢丝绑扎吊筋，这种方法适用于荷载较大的吊顶，如图1-5所示。

图1-5所示为射钉或膨胀螺栓固定示意图。

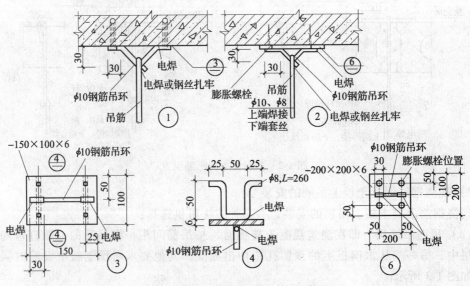

图 1-5 射钉或膨胀螺栓固定示意图

在吊筋的设置施工中吊点的位置，吊筋的用料截面尺寸，吊筋与楼板结构的连接方式，必须按照设计要求进行，以免发生吊顶塌落现象。

（2）结构骨架层

吊顶的结构骨架层是指吊顶的层面与附加层的承重结构，通过吊筋把吊顶的全部荷载传给建筑物的楼屋面结构层。

吊顶的结构骨架层也是顶棚造型的主体轮廓。即通过骨架体系的构筑，为室内空间顶部界面的装饰要求，形成可依托的基本形态。

吊顶结构骨架层的存在，也是形成吊顶空间的必要条件，以便在吊顶空间中设置相应的设备及有关管线。

吊顶结构骨架层，主要由大龙骨和小龙骨组成。大龙骨又叫主龙骨、大搁栅、主搁栅、主梁等。小龙骨又叫次龙骨、小搁栅、次搁栅、小梁、次梁等。

主龙骨一般按房间的短向设置，直接与吊筋相连接。主龙骨吊点间距、起拱高度应符合设计要求，当设计无具体要求时，吊点间距不应大于1200mm，并按房间短向跨度的0.1%~0.3%起拱。主龙骨的吊筋应通直，距主龙骨端部距离不得超过300mm。当吊筋与设备相遇时，应调整吊筋的间距或增设吊筋。当吊筋采用钢筋之类材料制成时，其长度超过1500mm时，应设置相向的撑杆，以防主龙骨向上浮动，如图1-6所示。

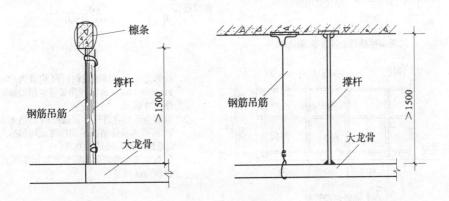

图1-6 钢筋吊筋的撑杆

次龙骨一般垂直于主龙骨设置，并通过钉、扣件、吊件等连接件与主龙骨连接，并紧贴主龙骨安装。边龙骨应按设计要求弹线，固定于四周墙上。次龙骨的主要作用是搁置吊顶装饰面层的板材，故次龙骨的间距应视板材的规格尺寸而定，但不得大于600mm，在潮湿地区和场所，间距宜为300~400mm。

重型灯具、电扇及其他重型设备，严禁安装在吊顶结构龙骨架上，应单独设置吊筋和骨架体系，分开进行安装，以减少或避免振动、晃动等不利影响。

（3）装饰面层

吊顶的装饰面层，一般设置在骨架结构层的下部，直接起到美化室内环境、满足使用功能的要求。

吊顶饰面层与结构骨架层之间的连接，一般采用搁置、钉固、粘结等方法。

吊顶饰面层上的灯具、烟感器、喷淋头、风口等设备的位置应合理、美观，与饰面板的交接处应严密。

（4）附加层

吊顶的附加层，是指满足保温、吸声、上人等特殊要求而设置的技术层。它们常被安置于大小龙骨之间或饰面层之上。保温、吸声材料的品种和铺设厚度均有设计规定，并有相应的防散落的构造措施。对于保温层的构造做法，有时还有隔潮构造措施，以防潮气进入保温层造成结露、结冰而丧失保温效果。

对于吊顶中上人的构造做法，一般是加设吊筋、设置走道板、走道旁安置行走栏杆等几项措施。图1-7为吊顶中检修走道的构造做法，图1-8为上人吊顶的节点构造详图，图1-9为保温、吸声的节点详图。

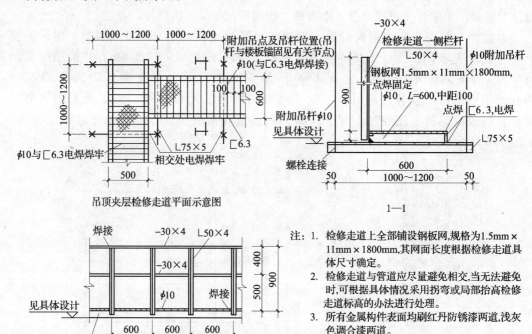

图1-7 顶棚检修走道构造示意图

1.2 吊顶的类别

吊顶的分类方法很多，没有明确的规定。在这里，根据教学的特点，我们从其构造骨架、面层做法、艺术造型等方面进行分类，并分别介绍其各类吊顶的特点，适用对象和相应的施工技术。

1.2.1 结构骨架层

这里仅指吊顶的结构骨架层的类型，不涉及面层和附加层的具体内容。

吊顶的结构骨架层，按其所使用的材料分，主要有木质骨架、钢木骨架、轻钢骨架等几种。

（1）木质骨架

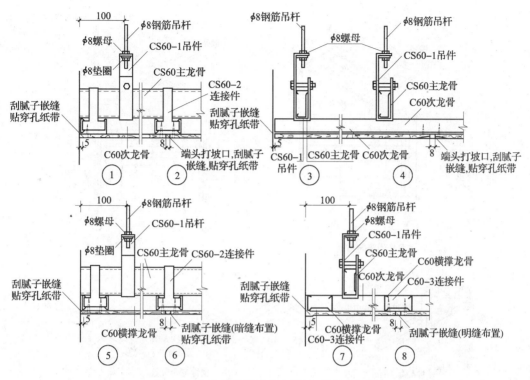

图1-8 上人顶棚构造节点详图（轻钢龙骨）

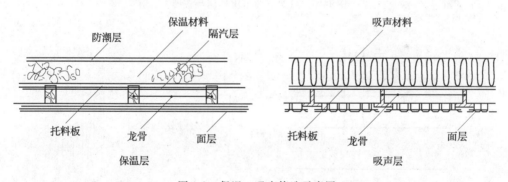

图1-9 保温、吸声构造示意图

吊顶的结构骨架层全部或主要采用木材制成的骨架层，叫做木质骨架层。这种骨架类型施工灵活，适应性广，但受空气中潮气影响较大，容易引起干缩湿胀变形，使饰面受损。木质骨架适用于小空间或界面造型复杂多变的吊顶工程中。图1-10为屋架下的木质骨架结构示意图。

木质吊顶骨架中的主龙骨常用50mm×70mm的方料。间距为1200～1500mm，或与次龙骨的间距相同，以组成近似正方形的方格网架结构；次龙骨的断面一般为50mm×50mm，间距为400mm左右，以与饰面层的用料规格相匹配。次龙骨的设置位置有卡在大龙骨之间或紧贴在大龙骨底部两种，且由底下饰面层的构造形式决定前者或是后者。大小龙骨之间的连接，一般采用钉固法，吊筋用50mm×50mm的木材、或$\phi 6$的钢筋、或8号钢丝制成。吊木应交错固定于吊顶龙骨的两侧，防寒吊顶宜用半燕尾榫固定，如图1-11所示。

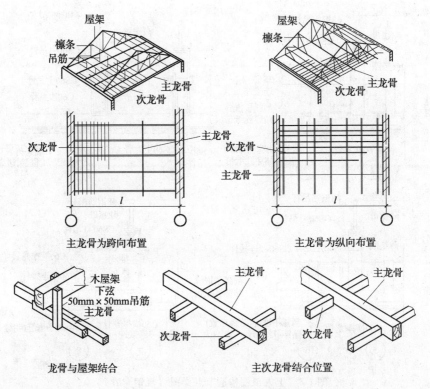

图 1-10 屋架下的木质吊顶布置图

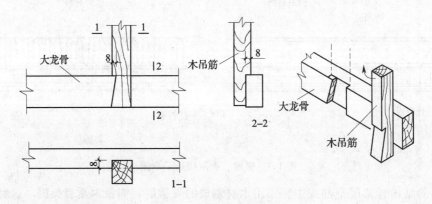

图 1-11 半燕尾榫示意图

木质骨架安装前先按设计要求弹出水平线，并找出起拱度，7~10m 跨度一般起拱 0.3%；10~15m 跨度一般起拱 0.5%。沿墙在骨架层的标高位置应预先设置防腐木砖，间距为 1m，用以固定安装龙骨。凡龙骨的接头，须用双面夹板钉牢加固，且安装中接头位置要错开。

木质骨架结构的安装施工方法有两种：一种是在楼地面上分片预制好后，再提升到设计标高的位置。另一种是直接在设计标高上进行逐个杆件安装。前者施工速度快，操作比较安全，后者灵活性高、适应性强。

（2）钢木骨架

钢木骨架结构,是指骨架杆件采用型钢和木材制作的骨架体系,即其中的大龙骨一般采用型钢制成,次龙骨一般使用木料。

钢木骨架结构的强度与稳定性较好,减少了木质骨架的干缩湿胀不良影响,减少了木材的使用量。但是,提高了用钢量,出现了钢、木杆件之间的连接难度。

型钢与木杆件之间一般采用螺钉连接,如图1-12所示,其吊筋常用钢筋或角钢,与型钢龙骨之间以焊接连接为多。当型钢的纵向稳定度不够时,可在型钢龙骨的中间设置斜吊筋,如图1-13所示,以加强抗变形的能力。

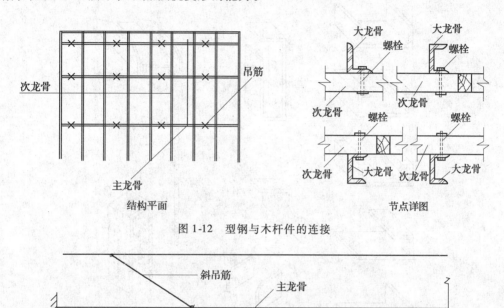

图1-12 型钢与木杆件的连接

图1-13 龙骨的斜吊筋

钢木骨架中的型钢与钢筋,必须涂刷相应的防锈与保护油漆涂层。

钢木骨架的施工安装,一般采用在设计位置直接安装的做法,具体的施工工艺基本与木质骨架的施工安装相同。

(3)轻钢龙骨骨架

轻钢龙骨骨架结构,是指骨架杆件系采用薄壁轻型金属型材制作的骨架体系,即其中的龙骨、次龙骨均采用轻钢龙骨做成。轻钢龙骨骨架结构施工方便、省材料、适应性强、防火性能好,在工程中得到了广泛的使用。

轻钢龙骨是用薄壁镀锌钢带机械压制而成型的,常见的有U形、T形和C形等。所谓的U形、T形、C形、E形,一般是指薄壁型钢的断面形状。轻钢龙骨不但可以组成吊顶中的骨架结构,也可以组成轻质隔墙、隔断中的骨架结构。在吊顶结构中,C形用得较多。

轻钢龙骨的系列数值,指的是型材断面的尺寸,以适应相应的荷重能力,并配置不同的吊点间距。例如,C形轻钢龙骨有38、50、60三种不同的系列,即主型材有38、50、60mm三种高度。38系列轻钢龙骨适用于吊点间距为900~1200mm不上人吊顶;50系列轻钢龙骨适用于吊点距离为900~1200mm上人吊顶,主龙骨可承受80kg的检修荷载;60系列轻钢龙骨适用于吊点距离为1500mm的上人吊顶,主龙骨可承受100kg的检修荷载。

各种类别、各种型号、各种系列、各种规格的轻钢龙骨,都配有相应的主龙骨、次龙骨、撑龙骨、边龙骨、角龙骨、吊件、挂件、挂插件、连接件、转角连接件、吊杆、升降式吊杆等主附件。这些主附件随龙骨的生产厂家不同而有所区别。所以,在使用轻钢龙骨时,应注意有关龙骨生产厂家的产品特点。图1-14为C形龙骨主附件示意图。

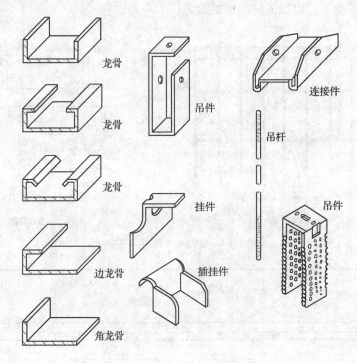

图1-14　C形龙骨主附件示意图

如果采用铝合金或不锈钢薄壁带钢压制成的龙骨,则叫做铝合金或不锈钢龙骨,它们同样可以组成吊顶的骨架结构,从而形成明式或裸式吊顶。

轻钢龙骨组成的吊顶骨架结构形式如图1-15、图1-16所示。

骨架结构安装前,应首先进行吊顶弹线工作。弹线的工作内容有四个:

1)弹设顶棚标高线:先将楼地面的标高基准线定出,用灰线弹于周边墙上。此线的高度一般比楼地面标高基准线高500mm,以便于其他标高线的换算。然后,以此标高基准线为准,按具体设计规定的顶棚标高,常为次龙骨下沿标高,用仪器及量具将室内每一个墙面顶棚标高量出,随即将此高度点用灰线标于墙面上。如顶棚为高低叠级造型者,则相应叠级处高、低顶棚的高度点均应一一标出。之后,使用激光扫平仪或其他仪器,根据墙面上的标出点,将整个顶棚的标高设置线用灰线弹于周边墙上。此顶棚标高位置线在墙面空间总应呈闭合状立体剖面线,即顶棚与墙面之间的空间相贯线。

2)弹设龙骨设置位置线:根据设计要求和现场的实际形状尺寸,在顶棚设置标高位置线上标出大龙骨与小龙骨的设置位置线。一般先画出龙骨设置的中心线,然后依据龙骨的截面尺寸用灰线弹出断面线并画出沿墙龙骨的固定点位置线。

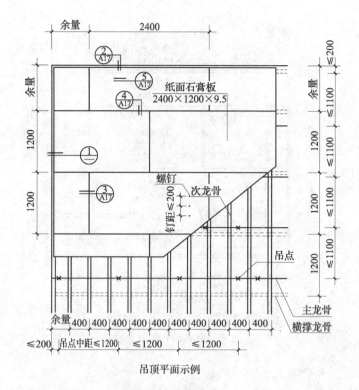

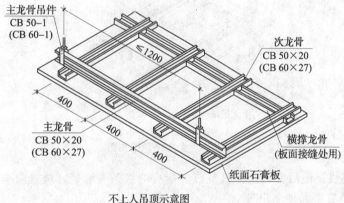

图 1-15 不上人吊顶结构图

3）弹设吊点位置线：根据墙面上的龙骨设置位置线，使用仪器往上垂直在楼板底下分测相应的大龙骨的对应位置线，然后在此楼板底对应线上弹出吊点位置线。弹线吊点时应测定准确、不可遗漏。并且，吊杆距主龙骨端部的距离，不得超过300mm，超过时应增设吊杆。此吊点位置线可作为膨胀螺栓的控制点，或作为板底预埋件检核点，或作为安装吊筋的固定点。

4）弹大型灯具、电扇、顶棚检修道的位置控制线：依据墙面上的顶棚位置设置线，引测大型灯具、电扇、顶棚检修道、口及其他重型设备的设置位置控制线，分别在楼板底用灰线一一弹出，然后标出附加吊筋的吊点位置线。

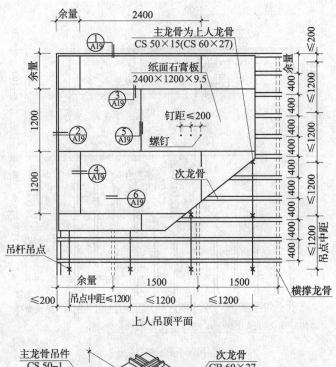

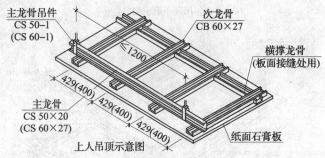

图1-16 上人吊顶结构图

当上述各类线弹出后,必须认真复核。所有的线条应清楚,位置应准确,其误差不应大于5mm,不得有遗漏现象出现。

根据顶棚的弹线情况,应综合顶棚上部的设备、管线、灯具等情况,核查有无安装中的形位矛盾之处。如有矛盾应及时与设计单位联系,进行相应的变更设计,然后根据"变更设计通知单"进行安装加工。

弹线工作结束后,应对吊顶工程中所使用的轻钢龙骨主配件进行选材、校正。所有龙骨的品种、规格、花色均应符合具体的设计规定。凡龙骨因搬运或其他原因造成翘曲、变形者应该进行修理、整形,严重者须剔除并运离工地现场。选材合格的龙骨主配件,应按种类、规格、品种分别存放备用。存放在平整、干燥的室内楼地面上,以防变形、生锈。

吊筋的安装,一般上端先与楼板连接。连接方法有预埋件、射钉、膨胀螺栓、电焊、挂钩等方法。图1-17为螺栓与螺钉的固定情况,其下端与主龙骨安装时连接。

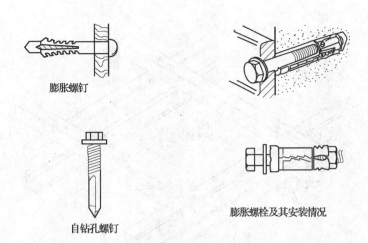

图 1-17 螺栓、螺钉的固定

主龙骨的安装：主龙骨安装包括沿墙龙骨安装、定位木枋制作及主龙骨就位安装三方面的内容。

（a）沿墙龙骨安装：指根据设计要求，依靠弹设的沿墙龙骨位置线安装沿墙龙骨。龙骨与墙之间常用螺钉固定。安装好的沿墙龙骨，可以作为后续安装龙骨的搁置点或起始固定点。

（b）定位木枋制作：指用于主龙骨安装中作为临时横向定位专用工具式杆件的制作，其杆件的形状如图 1-18 所示。对大龙骨定位时，应用几根长木枋横放在主龙骨上面，用木枋上的限位钢钉卡住各主龙骨，将主龙骨固定在规定的距离上。长木枋的两端必须紧顶在两边墙面上，顶紧后各主龙骨被限位钉卡紧，不至于左右晃动。

（c）大龙骨就位安装：把大龙骨安装于设计位置上。大龙骨的就位安装，可以把所有的大龙骨同时从一端向另一端进行安装。先把龙骨的一端，对照墙面上相应的龙骨安置点，搁置或固定于沿墙龙骨上，并逐个与相应的吊筋连接。调节吊筋的悬吊长度，控制其他龙骨的垂直标高位置，加设定位木枋，注意顶棚中间的起拱要求。

次龙骨的安装：主龙骨安装完毕并检查合格后，就可以安装次龙骨。次龙骨与主龙骨之间的连接，一般使用龙骨的专用连接件。安装时次龙骨应定位准确，与墙面弹线相一致，与主龙骨十字交接，相互紧贴紧扣，不得有松动不牢及歪曲不直之处。次龙骨的安装顺序，应从所有大龙骨一端开始，逐步向另一端推进，以免发生安装累计误差而使大龙骨发生纵向移位和变形。安装高低叠级顶棚时，应先安装高处的次龙骨，然后再安装低处的次龙骨。

横撑龙骨是指垂直于次龙骨杆件设置方向的龙骨，是加强次龙骨结构层横向刚度的一种加强构造措施。横撑龙骨的安装应该在次龙骨安装过程中进行，其连接方法与安装要求基本同次龙骨的安装。

大龙骨上的定位木枋，可以在安装次龙骨的过程中逐步拆除。

当吊顶的骨架龙骨安装好后，就可安装附加龙骨、角龙骨、连接龙骨等。这些龙骨必须安装牢固、位置准确。

当龙骨结构全部安装好后，必须进行相应的安装质量验收，并填写相应的隐蔽工程验收表格。

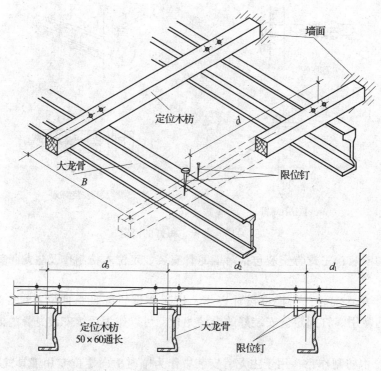

图 1-18 定位木枋

根据饰面层在骨架层的位置不同,分为暗龙骨吊顶和明龙骨吊顶两类。暗龙骨吊顶是指饰面层处于最底下而把吊顶的结构骨架层全部覆盖的吊顶;明龙骨吊顶是指饰面层处于中间而让吊顶的结构骨架层底部暴露在室内空间中的吊顶。图 1-19、图 1-20 分别为明、暗龙骨吊顶结构图。

1.2.2 饰面层

吊顶的饰面层指的是吊顶的装饰层。木质骨架结构、钢木骨架结构、轻钢龙骨骨架结构的下面,可以设置不同材料、不同形状的饰面,形成满足不同使用要求的吊顶类型。因而,习惯上用各种不同的饰面做法来命名吊顶的名称。例如:饰面层采用石膏板,则叫石膏板吊顶;采用矿棉板作饰面层,则叫矿棉板吊顶;采用铝合金板作为饰面层,则叫铝合金吊顶。

以下我们介绍几种常见的饰面吊顶。

(1) 木质饰面层

吊顶的木质饰面层,是指以木质材料为主要面料所组成的饰面层。木质材料中使用得比较多的胶合板、纤维板、水泥木丝板及实木板等,尤以胶合板使用得最广泛。

胶合板是将原木软化处理后旋切成单板(薄板),再经干燥、涂胶,按木纹纹理纵横交错重叠起来经热压机加压而制成。胶木板有 3、5、7、9、11 层,常用的有 3 层和 5 层,习惯上称为三夹板和五夹板。胶合板按树质的类别分为阔叶树胶合板和针叶树胶合板两大类别,按材质和加工工艺质量分为三个等级。胶合板的规格很多,阔叶树胶合板以 3mm 为常用厚度,针叶树胶合板以 3.5mm 厚为常用。

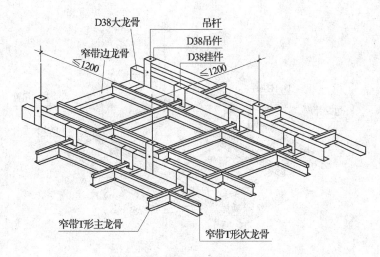

明架窄带 T 形龙骨吊顶透视

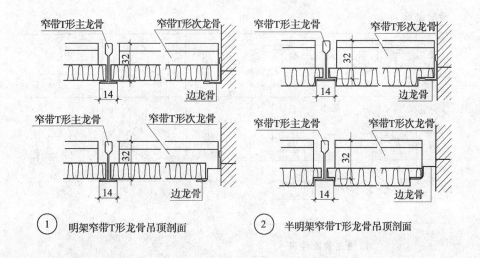

① 明架窄带T形龙骨吊顶剖面　　② 半明架窄带T形龙骨吊顶剖面

窄带龙骨规格表

产品	截面图	轴测图	长度	产品	截面图	轴测图	长度
主龙骨			3000 3050	边龙骨			3000
次龙骨			600 610				3000

图 1-19　明龙骨吊顶结构图

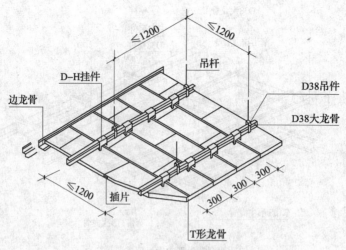

暗架矿棉板T形龙骨吊顶透视

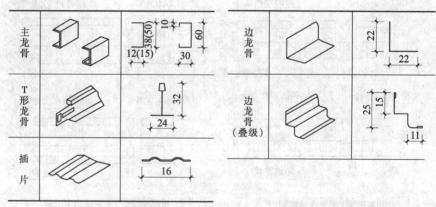

图1-20 暗龙骨吊顶结构图

纤维板是将废木材用机械分离成木纤维，或预先经化学处理热压而成的板材。纤维板的构造组织均匀，避免了节子、腐朽、虫眼等缺陷。纤维板一般有硬质和软质两种类型。硬质纤维的规格比较大，硬质纤维板以厚度为3mm或3.5mm用得较多，软质纤维板以厚度10mm或15mm用得较多。

刨花板是利用各种机械刨花或加部分细木屑，经过干燥、拌胶热压而成的一种人造板材。刨花板具有吸声、隔热性能好等特点，并且抗菌性优于天然木材。

水泥木丝板是利用木材的短线料刨成木丝,再和水泥、水玻璃等搅拌在一起,加压凝固成型的。具有隔声、绝热、防蛀、耐火等特点。

在本书中,以胶合板为例,介绍相应的吊顶饰面层安装。由于胶合板成型方便、加工便捷、施工简单、造价适宜,而且顶棚表面可上油漆、可涂刷各种装饰涂料、可粘贴各种壁纸、加饰各种金属饰面板及玻璃装饰板等材料,因而获得了广泛的使用。

在胶合板吊顶中,所用的木杆件必须经过严格的防腐防火处理,前者可涂以氟化钠防腐剂 1~2 道,后者应涂防火涂料三道。对于一般的胶合板不可使用,应使用阻燃型(又名难燃型)两面刨光一级胶合板。阻燃型胶合板的各种加工性能,与一般胶合板完全相同。

胶合板吊顶饰面层的板块拼接缝式有图 1-21 所示的几种形式。

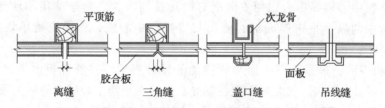

图 1-21　面板的拼接缝形式

胶合板的固定,可以采用钉子、螺钉或胶粘剂。图 1-22(a)为开口套管固定方法。这种固定件的核心部分是一个塑料套管,在这个套管上有一系列的纵向开口(有的是螺纹状的),套管的一端固定有一个螺母,而另一端则形成一个凸缘。当把螺钉拧入螺母中时,套管就趋向饰面材料,同时,这些张开的塑料条带就以花瓣状的形式紧固地靠在饰面材料的背面。

这种可拆卸的轻型薄壁空腔固定件,可用于各种类型的薄材料或多孔基础件之中,且具有防震、绝缘、防水和防腐蚀的功能。

图 1-22(b)为碟形肘节固定件。它是由一根镀锌铰接杆构成的,在弹簧的作用下它保持张开的状态。

这种类型的固定件也是一种轻型的空腔固定件。适用于各类软饰面材料,如纤维板、蜂窝板等,以及多孔基础件。这种固定件使用后就不能再收回,而留在空腔内了。

图 1-22(c)为伞状固定件。这种固定件也是一种空腔固定件。与前述不同的是,它在使用时,是靠一些金属支脚支撑的。当螺钉拧入时这些折叠的支脚向外张开,并向后紧靠在饰面材料的后表面上。这种固定件也是可拆卸的,而且可以根据需要经常地更换螺钉。其应用范围,主要也是对纤维板、胶合板、刨花板以及类似的板状材料进行永久性的迅速固定。

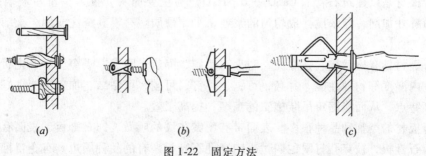

图 1-22　固定方法
(a) 开口套管及安装;(b) 蝶形肘节及安装;(c) 伞状固定件

胶合板面层的安装施工技术如下：

1）选板：对于阻燃型顶棚，应使用阻燃型两面刨光一级胶合板。首先，应对胶合板进行选择。凡有脱胶、变色、起泡、腐朽、表面严重碰伤划破、边角破裂以及翘曲变形、规格不正、尺寸不足者，均应剔除不可用，并运离施工现场，以免混淆。

胶合板选出后，应按木纹、色彩的异同性分别分类堆放，以备使用。

2）防腐处理：对于有防腐等要求的顶棚，应采取相应的涂刷处理。例如，对于有防腐要求的顶棚，则对所有选择合格的胶合板，均应在其底面满涂氟化钠防腐剂一道，应涂刷均匀，不得有漏涂之处。

3）弹线：对于使用大张型的胶合板，应使用灰线在胶木正面将龙骨中纵横平顶筋等构成的分格线中心线弹出，以便安装固定时加设固定件。对于使用小块型的胶合板，应在龙骨结构中的纵横平定筋底部，使用灰线弹出中心线，作为安置小块胶合板的控制线。

4）胶合板安装：根据顶棚平面布置详图的设计要求，将胶合板由吊顶中间部分开始，逐块向四周辐射安装。安装时必须控制好板边与平顶筋中心线之间的关系。当采用钉固定时，应从板中间开始，逐步向四周展开。钉的中心距离为80~150mm一枚。钉头敲扁沉入板内。若使用胶粘剂固定时，也应控制粘结时间，防止板块脱落，并随即擦去外溢的胶液，以防污染板面。

所有的检查口、冷暖风口、排气口、暗装灯具口等，均应事先在胶合板上留好，以便让相关的专业人员安装相关的设备。

5）板缝处理：胶合板饰面层的板缝处理，应按设计要求的留缝形式进行。缝宽应一致、笔直、光滑通顺，十字处不得错缝。

6）封边收口：封边收口指的是对胶合板层与周边墙体的交换线、吊顶面中的阴阳角、各留设洞口的边缘进行最后的饰件安装。收口线应平整顺直、表面光滑流畅，不得有断头、错位或线条宽窄不等之处。在饰面层的转角、转位等处，收口线应连接贯通、圆滑自然、位置准确、装饰美观。

由于各种木质板材之间有一定的差异，安装施工中也会有所区别，故在施工中应了解使用中木质板材的特点，采取相应的有关措施，确保板材达到规定的质量状态。

（2）石膏板饰面层

吊顶的石膏板饰面层，是以石膏板饰面层为主要材料组成的饰面层，是当前使用得最多的一种吊顶面层材料。

石膏板材是以建筑石膏（$CaSO_4 \cdot 0.5H_2O$）为主要原料，掺入少量短玻璃纤维增强和聚乙烯醇外加剂，与水搅拌成均匀的浆料，采用硬质塑料模具浇注成型、凝结而成的装饰板材。

石膏板材具有质量轻、强度高，防火、防震、隔热、阻燃、吸声、耐老化、变形小及可调节室内湿度等物理性能。并且，可锯、可钉、可刨、可粘结、加工性能良好、施工工艺简单等特点，从而能缩短吊装施工的工期，提高工效。

石膏板材的类别和品种很多。表面带有图案花纹的叫做装饰石膏板，表面有护面纸的叫做纸面石膏板，被穿孔打眼的叫做吸声穿孔石膏板，有的品种周边具有企口槽缝的，如图1-23所示，叫做嵌装式石膏板。同时，还有彩色石膏板等。

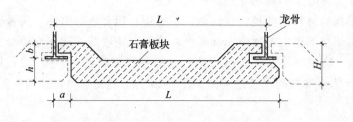

图 1-23　嵌装式石膏板

石膏板的规格品种因厂家的不同而有所区别，其平面尺寸一般有 400mm×800mm～1200mm×3600mm、厚度为 8～18mm。

石膏板饰面层的构造做法有两种类型：一种是一次成型，即在平顶筋下直接铺设一层饰面板材，将板材固定后，其装饰效果已经达到。另一种是二次成型，即在平顶筋下先安装基层板，在其层板的底表面再做其他饰面处理，之后才能够达到装饰效果。

装饰石膏板的固定方法有搁置平放、螺钉固定及胶粘剂粘贴三种做法。当采用 T 形铝合金龙骨或轻钢龙骨时，可将装饰石膏板搁置在由 T 形龙骨组成的各格栅框内，即完成安装饰面板的任务。当采用 U 形轻钢龙骨时，装饰石膏板可用自攻螺钉与 U 形龙骨固定，钉眼进行找平、补色处理。当采用木质龙骨时，装饰石膏板可用镀锌圆钉或镀锌螺钉与木龙骨钉牢，钉头以嵌入板面下 0.5～1.0mm 为宜，钉眼也应进行找平与补色处理。当采用 UC 形轻钢龙骨组成隐蔽式吊顶时，可采用胶粘剂将装饰石膏板直接粘贴到平顶龙骨上，胶粘剂应涂抹均匀、不得漏涂，并粘结牢固。

纸面石膏板一般作为二次成型中的基层用料板。纸面石膏板与木龙骨固定采用木螺钉、与轻钢龙骨固定采用自攻螺钉，钉子的埋置深度以螺钉头的表面略埋入板面，并不使纸面破坏为宜。钉眼应除锈，并用石膏腻子抹平。纸面石膏板的长边应沿纵向次龙骨铺设，有字的一面应朝下，有商标标志的一面朝上。安装双层石膏板时，面层板与基层板的接缝方向应错开。面层板与基层板之间常采用螺钉和胶粘剂结合。

安装嵌装式石膏板，通常采用企口暗缝咬接安装法，即将石膏板加工成企口暗缝槽的形式，龙骨的两条肢板接入暗缝槽内，既不用钉也不用胶，靠两条肢板支托。施工时要注意企口的相互咬接及图案的拼接。

(3) 矿棉板饰面层

以矿棉板为主要板材组成的吊顶装饰面层，叫做矿棉板吊顶。使用中的矿棉板主要为矿棉装饰吸声板。矿棉装饰吸声板系以岩棉或矿棉为主要原料，加入少量的胶粘剂、防潮剂、加压烘干、饰面加工而成。

矿棉板吊顶具有吸声隔热、防火阻燃、施工方便的特点。尤其是使用阿姆斯壮矿棉板，克服了怕水受潮影响使用性能的不足，在现今仍为普遍采用的一种做法。

矿棉板可直接支承在龙骨架上。板材搁置和安放时，应有板材安装缝，每边缝隙宜为 1mm 左右，矿棉板上不可放置其他材料，以免板受力而变形。

(4) 金属板面层

以金属板材为主要板材和其他型材组成的吊顶装饰面层，叫做金属吊顶。金属吊顶是一种比较新颖的顶棚装饰形式。这种顶棚装饰具有富丽堂皇、光泽鲜艳、气派卓越的特点，多用于舞厅、宴会厅、商场等建筑空间中。

金属吊顶按饰面材料的种类，有钛金、不锈钢、铝合金等多种。每种金属材料本身具有很多品种，例如在不锈钢吊顶中，有彩色、镜面、花纹等不锈钢品种。又如，在铝合金吊顶中，有条板、方板、格栅、圆筒、挂片、藻井等不同品种。图1-24为金属条板吊顶结构图，图1-25为金属格栅吊顶结构图、图1-26为金属筒形吊顶结构图。

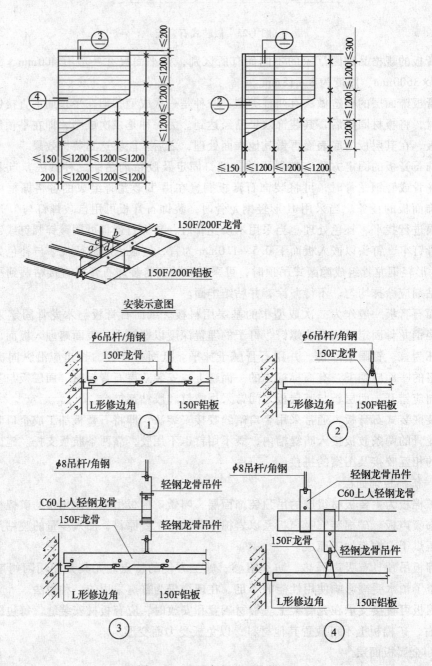

图1-24 金属条板吊顶结构图

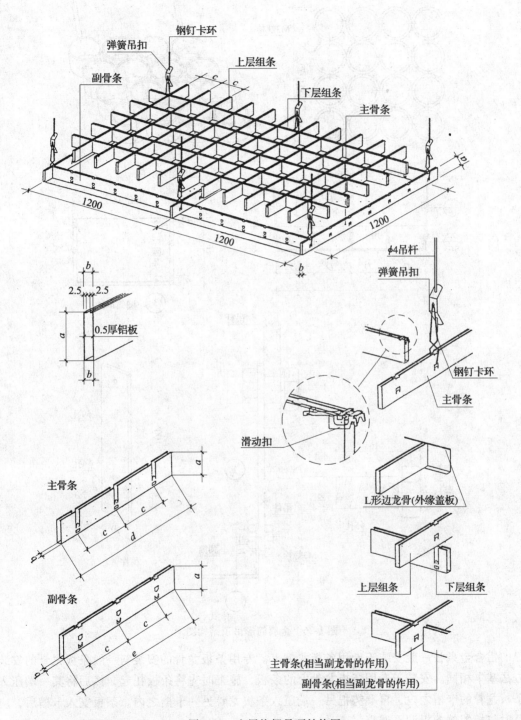

图 1-25　金属格栅吊顶结构图

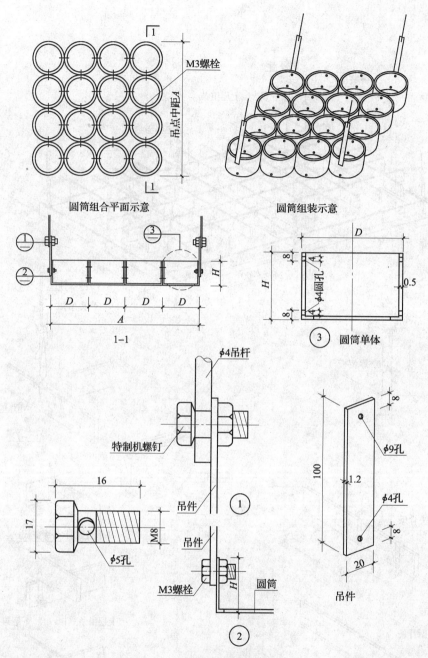

图1-26 金属筒形吊顶结构图

铝合金条板一般安装于专用条板龙骨上。专用条板龙骨的安装与一般条板龙骨的安装方法基本相同。安装于专用条板龙骨上的条板，施工时先将条板托起，然后将其一端压入条板龙骨的卡槽之内，再顺势把另一端压入条板龙骨另一卡槽之内。条板安入卡槽后，应及时与相邻的条板调平调直。

铝合金格栅吊顶的形状多种多样，有直线形、曲线形、方块形、多边形、空腹形等。整个顶棚，可用U形或T形龙骨分格安装，亦可在整个龙骨骨架层下大面积安装，又可用不同的格栅类型组合安装。格栅与龙骨之间的连接一般采用专用挂件式或专用扣件，故施工方便、连接可靠。

铝合金筒形吊顶有方筒形、圆筒形等几种形式，其造型新颖、现代气息较浓。有时筒内安装吸声材料，以作吸声吊顶之用。铝合金筒形饰件一般预先分组拼装，然后通过吊件安装于轻钢龙骨骨架之下。

铝合金挂片等其他金属吊顶，其构造原理和施工方法，和以上所述的吊顶基本上大同小异，此处不再一一讲述。

（5）塑料板面层

以塑料板为主要装饰面层的吊顶叫做塑料板吊顶。塑料装饰板，根据合成树脂的种类不同，形成很多品种，其中用得较多的为聚氯乙烯塑料（PVC）顶棚、聚乙烯泡沫塑料吊顶板、钙塑泡沫装饰吸声板、聚苯乙烯塑料装饰板、装饰塑料贴面板等。

以塑料板材充作装饰面层的饰面层，常安装于结构骨架层的底部或装修基层板下，其固定方法根据塑料板材的材质和设计要求而定，一般有胶粘法、钉固法和压条法三种。

1）胶粘法

根据不同的材质和基层或龙骨结构的类型，选择合适的胶粘剂。例如，聚氯乙烯塑料板可用XY401胶、氯丁胶。刷胶应均匀而无漏刷，贴合时应加压，使其结合紧密，多余或外泄的胶液应擦除，保持板面的洁净要求。

2）钉固法

使用圆钉与木螺钉或自攻螺钉，把塑料饰面面板直接固定在龙骨或基层板上，或是使用带有塑料小花造型的专用钉，将塑料面板固定在相应的设计位置。此法施工简便，不大会弄脏板面而容易确保饰面的外观质量。

3）压条法

压条法是在胶粘法或钉固法的基础上，再设压条进一步固定的措施。有的塑料饰面板，容易发生下垂、翘角、翻边、空鼓等现象，故在拼缝处加钉压条以固定板面和遮盖拼缝线。压条线固定时，应使压条自身平直、接口严密、不得翘曲。压条线的品种较多，除与饰面板专门配套的硬质塑料压条线外，还有市场上通用的木线条与有色金属压条可选用。

1.2.3 吊顶的外观形状

从顶棚的外观形状看，吊顶可分为平滑式、分层式、井格式、悬浮式、裸式等。

（1）平滑式吊顶

呈现为较大的平面或曲面的吊装界面，叫做平滑式吊顶。平滑式吊顶，尤其是水平平面式的吊装，是用得最广泛的一种艺术造型形式。这种吊顶结构简单，外观简洁大方，常被用于室内面积较小、层高较低或有较高卫生要求和光线反射较强的房间，如居室、手术室、教室、卫生间、小型候车室、休息厅等空间的顶棚。

（2）分层式吊顶

将吊顶分成不同标高的两个或多个层次，即为分层式吊顶，如图1-27所示。在室内空间，有时为了取得均匀、柔和的光线和良好的声学效果，可采用高低不同的暗灯槽和吸声、反射面。有的时候为了强调和突出室内空间某一部分的高大，则用降低其他部分的吊顶来对比和衬托，使主要部分空间显得宽敞，次要部分亲切宜人。在这些情况下都可采用分层式吊顶。这种类型的吊顶简洁、大方，并可与音响、照明、通风等要求自然结合，使室内空间丰富而有变化，重点突出，常用于中型或大型室内空间。如活动室、会堂、餐厅、舞厅、多功能厅、体育馆等。

（3）井格式吊顶

这类吊顶是通过设置纵、横向或斜向布置的装饰梁，使它们交叉将吊顶划分为大小不同、形状各异的格子，并常常模仿我国古建筑中藻井天花的装饰处理方法，结合传统的沥粉彩色画法，在装饰梁（或搁栅）及吊顶表面绘出各种花纹。在装饰效果上，这种吊顶具有较浓郁的民族风格和地方特色，通常多用于宴会厅、休息厅等处。这种吊顶也可通过装饰梁的相互交叉井格，结合吊顶灯具的布置形成简洁的外观形式，如图1-28所示。

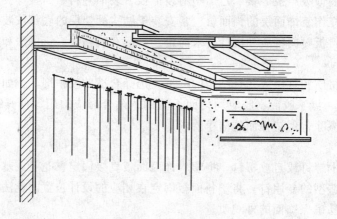

图1-27 分层式吊顶

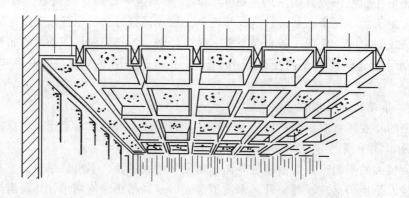

图1-28 井格式吊顶

（4）悬浮式吊顶

它是根据室内空间设计的声学、照明等要求，在承重结构下面把杆件、板材、薄片或各种形式的预制块体（如船形、锥形、箱形等）悬挂在结构层或平滑式吊顶下，形成格栅状、井格状、自由状或有韵律感、节奏感的悬浮式吊顶。让吊顶上部的天然光或照明灯光，通过悬挂件的漫反射或光影交错，使室内照明均匀、柔和、富于变化，并具有良好的深度感。有的通过高低不同的悬挂件对声音的反射与吸收，使室内声场分布达到理想的要求。悬浮式吊顶适用于大厅式房间，如在影剧院观众厅中可悬浮五夹板做的折板，也可是浮钢丝网水泥折板，在折板间可做暗灯槽。在商店、餐厅、茶室、舞厅、音乐厅等都可悬吊各种材料的装饰吊顶，如葡萄架、晶体玻璃、金属花饰、织物等。悬浮式吊顶布置灵活、形态生动，能够与室内空间总体设计协调，很好地烘托室内气氛。图1-29所示，是悬吊式平顶中的一种（悬吊方形格栅吊顶）。

（5）裸式吊顶

裸式吊顶是指只有结构骨架层而没有饰面层的吊顶，从而使结构骨架层暴露于室内空间中。并且，所有的设备管线，仅稍作包裹而铺设在结构骨架层中。这种平顶在视觉上提高了室内的空间高度，保留了原有结构围成的空间体积。

对于形体比较复杂的吊顶施工，其关键是准确地安装各个龙骨结构杆件。各个龙骨杆件的水平位置和垂直标高位置，一般可采用方格坐标值的方法确定。首先，通过计算或放样，获取各主要龙骨杆件的设置控制坐标数据。然后，使用水准与垂直测试仪器，以灰线的形式把相应的坐标数值投设于四周的墙面与楼板底下，形成多维方向的控制点线。在安装与固定龙骨时，以这些投设的点线作为参照网点，通过拉线、吊线这些简易的测试手段，对安装杆件进行定位调整，做到把杆件安装到设计所规定的水平与垂直位置，从而达到设计所要求的形态造型。

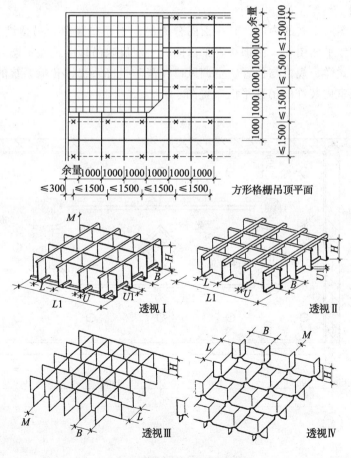

图1-29 悬吊方形格栅吊顶

课题 2　施工准备与工后处理

2.1　施　工　准　备

2.1.1

吊顶安装施工的图纸，一般以装饰设计施工图为主，配以相应的标准图和施工单位有关技术人员绘制的施工翻样图。有些小型的装饰工程，仅提供装饰方案图，则施工单位需自行绘制相应的装饰施工翻样图，以指导具体的施工操作。

从施工图纸的表现方式分析，能够反映吊顶装饰设计要求与内容的，一般有效果图、吊顶平面布置图、吊顶结构平面布置图、吊顶剖面图、节点详图、设计或施工说明、用料表等。

装饰效果图，反映的是比较实观的形象，通过对它的阅读，可以了解平顶的艺术造型形状、色彩与材质感觉、装饰的设计主题意图。

吊顶平面图又称顶棚平面图。吊顶平面图有两种表示方法：一种是假想用一剖切水平面通过门窗洞的上方，将房屋剖开后，对剖切平面上方的部分作仰视投影；另一种则是假想上述剖切面为水平镜面，画出镜面上方的部分映在该镜面中的图像而得的。前者所得为"仰视图"，后者为"镜像图"。现在人们习惯上用镜像投影法画吊顶平面图，与一般的建筑平面图相协调。

按吊顶平面图所反映的内容，其平面图分为吊顶平面布置图、吊顶结构平面布置图、吊顶设备管线布置平面图等。吊顶布置平面图，一般反映吊顶的造型形态与尺寸，饰面材料与规格，灯具式样、规格与位置，空调风口，消防报警系统，音响系统的位置等，如图1-30所示，为某室内装饰的吊顶平面布置图。

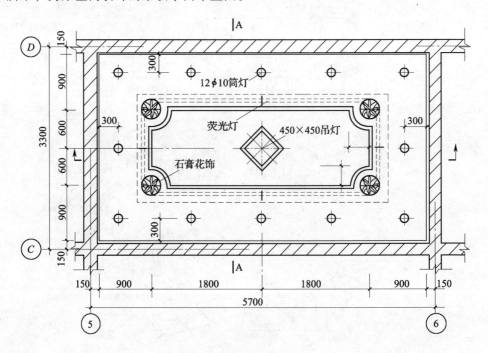

图 1-30　吊顶平面布置图

吊顶结构平面布置图，一般反映出吊顶结构布局情况，表明了吊点的位置、吊筋类型、主次龙骨的平面布置与用料等内容。图1-31为某吊顶的结构平面布置图。

吊顶管线平面布置图，一般以图例的形式表示空调通风管道、电气线路、消防用水等平面布置情况，表明管线的规格、接头接口地点等内容。通过吊顶管线平面布置图的阅读，可以在施工中协调吊顶结构与吊顶饰面层之间的关系。

吊顶的剖面图，反映了吊顶的凹凸情况，常在吊顶平面图上标出相应的剖切位置及剖切方向和剖切名称。吊顶剖面图标注出各个装饰部件的安置标高。室内装饰设计施工图中，房间的标高尺寸，一般以本房间的楼地面建筑标高为零点，以它为基准标注各有关部位的标高值。吊顶的剖面图，还反映出吊顶组成部分的垂直分布位置，例如，表明结构骨架层与饰面层之间的上下关系等。图1-32为某吊顶工程施工剖面图。

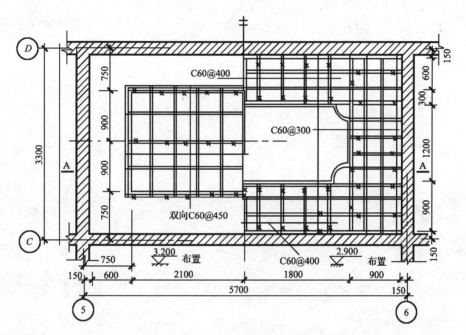

图1-31 吊顶结构平面布置图

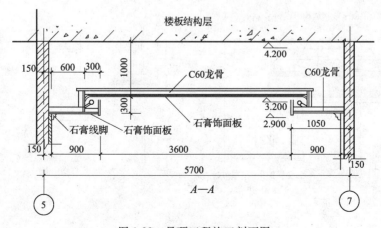

图1-32 吊顶工程施工剖面图

吊顶的详图，以1:5、1:10等大比例的图式，详细地表明吊顶的某个部位、某个节点、某个杆件的构造方式及施工要求，一般以索引符号表明详图在吊顶中所处的位置。图1-33~图1-36为吊顶工程中的详图示例。

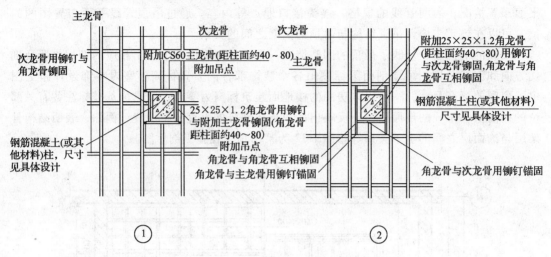

图1-33 柱子处吊顶龙骨的布置

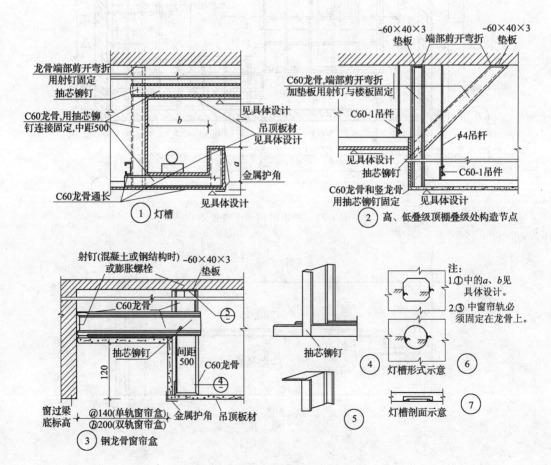

图1-34 灯槽、窗帘盒、叠级构造

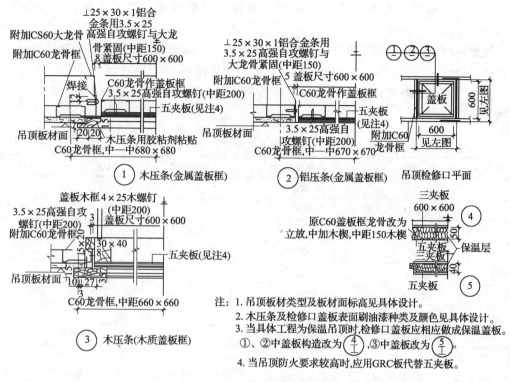

图 1-35 检修出入孔详图

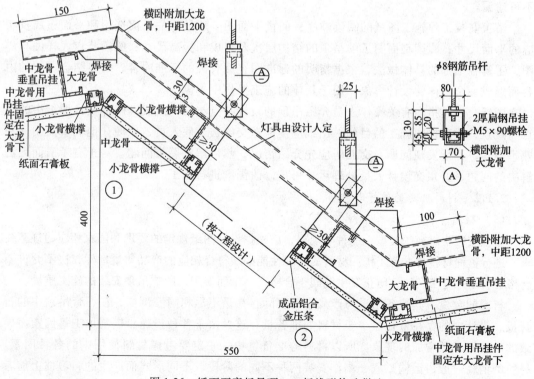

图 1-36 纸面石膏板吊顶——折线形构造做法

吊顶的标准图，是由权威部门或设计单位编制的标准设计，以供在设计与施工中选用。

装饰翻样图，是由施工单位依据设计要求和设计图纸而绘制的施工图。翻样图细化了设计师所设计的内容，专业工种针对性强，施工操作性好。

用料表是以表格的形式，分别注明有关部件、杆件的要求与做法，表1-1为一种用料格式示例。

XX吊顶的用料表　　　　　　　　　　　　　　　　　　　　表1-1

序号	名称	规格（mm）	断面形式	用量	备注
1	主龙骨	CS60			
2	次龙骨	C60			
3	吊杆	$\phi 8$			
4	吊件	CS60			
5	连接件	CS60—1			
6	连接件	CS60—2			
7	连接件	CS60—3			
8	纸面石膏板	12×900×2400			普通纸面

施工图纸中的设计或施工说明，一般表达吊顶的材料要求、杆件表面装饰处理、施工技术注意事项等内容。图纸的"说明"部分，一般位于总说明与部件施工图中，阅读时不可遗漏。

吊顶安装工程施工图纸的阅读顺序：阅读平面图了解吊顶的平面造型和平面布局及相应的平面尺寸；阅读剖面图了解吊顶的结构层次及组成和标高尺寸；阅读节点大样图与详图，了解各细部的具体做法，根据指明的标准图查阅有关的标准内容，最终结合了解的内容而形成一个具体的设计形象，用于具体的施工操作中去。

图纸交底是指向有关操作人员介绍吊顶的设计特点与结构组成，解释设计图纸中的难点与疑点，达到按图施工的目的。图纸应提前送交给被交底人员，以便让他们事前阅读和熟悉内容，并能发现问题。交底时应先介绍情况，然后解答疑难问题。对于有矛盾而无法解决的问题，必须交设计人员处理后才可按修改图纸进行施工。

2.1.2 材料机具的选择与准备

（1）材料

吊顶安装中材料的类型、品种与规格，应根据设计图纸规定的要求和国家相应的规范要求，进行各种材料的准备工作。材料的技术性能必须符合相应的产品质量指标，决不允许不合格材料进入施工场地，防止发生混同于合格产品中而误用，影响吊顶安装的施工质量。

材料的数量，其准备用量与产品中的实际存在量不尽相同。例如，在石膏吊顶中的石膏板，设计中的存在量往往小于材料的准备量，这是由于各种损耗、锯割加工等因素而导致的准备量必须增加的现象。所以材料的准备量中，一定要考虑材料使用中的各种因素。材料的消耗一般由运输贮藏、制作安装两种不同的阶段、不同形式而产生的，习惯上前者叫做损耗量，用损耗系数表示，后者叫做实耗用量，用耗用系数表示。损耗量与耗用量的大小，是由材料的品种类别、贮藏方式、制作与安装的工艺特点所决定的。其系数的取值，一般可对照相应的行业规定指标，结合本企业的经验数据而确定，以此来确定材料的实际准备数量。

吊顶安装工程的木材，主要作为木龙骨结构用材，故应为方材规格。其材质需选用干湿膨胀变形小、可钉可钻等加工性好、木纹通直的树种，用得较多的为松木和杉木。使用中的方材，含水量应严格控制。刚砍伐而新鲜的方材，不宜直接用于结构部位，须干燥处理合格后方可使用。对于有防火要求的木杆件，必须进行相应的防火处理。

吊顶安装工程中的轻钢龙骨，具有各类型号的相应配套性，如主件、副件、连接体、吊件等，都存在着同一型号内的专用性及其与其他型号的不相互替代性。所以，在准备轻钢龙骨的材料时，应注意产品的类型和生产的厂家。对于同一吊顶工程，应由同一生产厂家进货，并一次把各杆件全部确定好之后可集中或分批进场。

墙体中的预埋防腐木砖，是指将木材锯割成墙体砖块的尺寸，例如 50mm×100mm×240mm，然后浸涂沥青或沥青溶液，在砌筑墙体时按设计规定的位置砌入墙身。在安装吊顶的施工工程中，用钉将杆件与木砖固定连接在一起。

吊顶安装工程的预埋钢件，如图 1-37 所示几种类型，按设计要求在浇筑混凝土构件时埋入，用以固定相应的吊筋等杆件。预埋钢件的承受拉力或剪切力，必须满足受力要求，所预埋钢件中的钢筋直径与埋置长度，钢板的厚度应符合一定的强度与刚度要求，并且，预埋钢件的外露面应做好防锈处理。

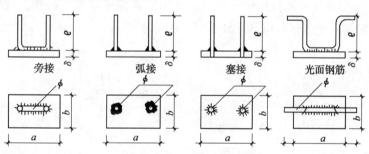

图 1-37 预埋钢件类别

吊顶工程中的饰面板材料，一般都具有良好的观感质量要求。在准备饰面板材料时，除了一般的材质要求外，必须特别注意板材的外观质量。例如花形、颜色、质感等，最好为同厂同批的产品，以期达到外观质量的一致。

饰面板是一种易受损坏的材料，故应采取相应的技术措施，例如运输方式、堆放场地与堆放方法应尽量减少板材的损耗量。

吊顶安装施工中的固定件，一般有钉子、螺钉、螺栓、胶粘剂等几种类型。

钉子是最常见的普通紧固件。根据不同的用途，可以选用不同品种和不同规格的钉子。表 1-2 为装饰施工中常见的几种钉子，并列举了主要用途。

螺钉也是一种常见的紧固件。装饰施工中常使用木工螺钉和机械螺钉两大类。机械螺钉一般用于金属杆件之间的连接，木工螺钉用于木材杆件之间的连接。机械螺钉是要配合螺母螺纹一起使用的，而木螺钉可依靠螺杆上的尖端螺纹自行进入木材的深处。此外，还有膨胀螺钉、合缝螺钉、自钻孔螺钉等。

钉子的类型 表1-2

图 形	名 称	钉头形式	用 途 说 明
	普通钢钉	平圆形	木制品及一般木结构
	砖石钉	平圆形	用于混凝土、砖、石等结构
	纸板钉	圆形埋头	用于固定蜂窝板等纸板
	地板钉	长方形	用于固定木地板（软木）
	瓦木钉	圆形埋头	用于固定屋面瓦
	大头钉	平圆形	用于固定屋面油毡
	U形钉		用于进行多种强度的接合，从结构到固定保温材料

螺栓是能够承受较大负载的紧固件。螺栓在使用时，其螺纹部分不应进入剪切面。螺栓除了普通螺栓之外，还有膨胀螺栓等。

图1-38所示是绝缘紧固件中的一种。这类固定件用于矿棉、岩棉、玻璃棉、多孔聚苯乙烯之类的绝缘、松软板材的固定连接中。

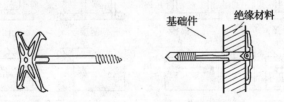

图1-38 星形固定件及使用

胶粘剂紧固件，是指预先钻好孔，在孔中灌入胶液，再把螺钉或螺栓插入孔中，依据胶凝结时产生的粘结力而形成抗拔出力。这种结合方式又叫化学锚固法。

吊顶安装施工中所采用的胶粘剂，一般都使用合成树脂胶液。所使用的合成树脂胶液中，其有毒物质的含量必须严格控制，达到规范所要求的标准。对胶体的有效使用期必须掌握，其施工使用时确保在材料的有效使用期内。在胶粘剂材料准备中，必须了解胶液的存放、使用方法与要点，以便做好相应的贮藏与胶合作业工作。

（2）机具

在装饰施工中，轻便的、手提式电动机具获得广泛使用。这些机具的特点是体积小、重量轻、便于携带、操作自由、运用灵活、工效较高。常用的装饰手提式电动机具的品种和型号较多，下面介绍一些主要的机具。

曲线锯如图1-39所示，又称往复锯。其主要的功能是在板材上锯割曲线和直线。更换不同的锯条，可以锯割不同材质的材料，一般粗齿锯条适用于锯割木材；中齿锯条适用于锯割有色金属板、层压板；细齿锯条适用于锯割钢板。

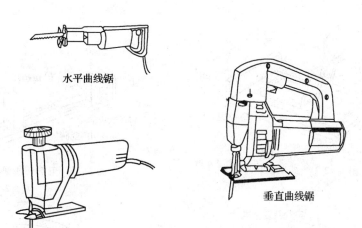

图 1-39　电动曲线锯

手提电动圆锯如图 1-40 所示，通过调节螺母可调整所需要锯割的深度，一般不得超过 157mm。调节倾斜装置可改变锯片与底板之间的夹角，从而锯切出 1°～45°不同的夹角。手提式电动圆锯的锯片有钢质和砂轮质两种。钢锯片多用于锯割木材、铝合金、铜等材料。砂轮锯片用于各种型钢和石材。

型材切割机如图 1-41 所示，它根据砂轮磨削原理，利用高速旋转的薄片来切割各种型材。在施工现场多用于切割型钢、饰面砖、石材等。将砂轮片换成合金锯片时，可切割木材、硬质塑料及铝合金型材。有种切割机的台座可以转动，并在基座上刻有角度分划值，以此进行调节可对材料进行不同角度的切割。

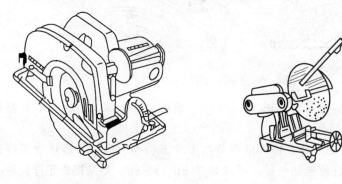

图 1-40　电动圆锯　　　　　　　　图 1-41　型材切割机

手动切割机如图 1-42 所示，用力将把手按下，合金钢刀片将饰面材料切断。常用于饰面砖的切割。

电热切割机如图 1-43 所示，切割饰面砖所用。将饰面砖贴紧电热切割机，然后通电即可将砖切断。

饰面板台式切割机如图 1-44 所示，用于切割大理石、花岗石等饰面石板材。使用该机操作方便、速度快、加工精度较高。

电动手提切割机如图 1-45 所示，小巧灵活，依据金刚石刀片，可以切割饰面板、饰面砖及小型的型材。

手提电动刨如图 1-46 所示。其可对木杆件的表面进行刨削加工。

图 1-42 手动切割机

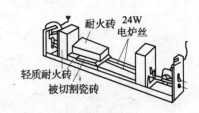
图 1-43 电热切割机

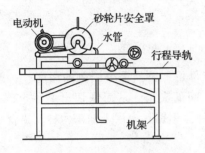
图 1-44 饰面板台式切割机

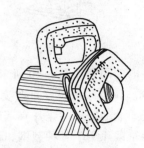
图 1-45 电动手提切割机

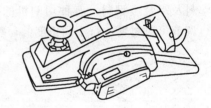

图 1-46 手提电动刨

  手提钻又叫手枪钻、微型电钻，如图 1-47 所示。适用于在金属、塑材、木材等材料上钻孔，钻孔的最大直径为 13mm。

  电动冲击钻如图 1-48 所示，是一种可以调节为带冲击动作的电钻。当把旋钮拧到纯旋转位置，装上钻头，则像普通电钻一样，可以对部件进行钻孔。如果把旋钮拧到冲击位置，装上镶硬质合金的冲击钻头，就可以对混凝土材料、砖墙砌体进行钻孔。冲击钻在钢材上钻孔直径一般为 6~13mm，在混凝土与砖砌体上冲击钻孔的直径为 10~22mm。

图 1-47 手提钻

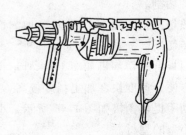
图 1-48 电动冲击钻

电锤如图 1-49 所示，在装饰施工中可用于砖、石、混凝土等结构杆件上凿孔、开槽、粗糙表面加工，也可以用于钉钉子、铆接、捣固、去毛刺等作业。在铝合金材料、石材安装等工程中运用得十分广泛。电锤的特点是利用特殊的机械装置将电动机的旋转运动转为冲击运动，或旋转带冲击运动。按其冲击、旋转的运动方式，可分为动能冲击锤、弹簧冲击锤、弹簧气垫锤、冲击旋转锤、曲柄连杆气垫锤、电磁锤等不同类型。

电动起子机（电动螺钉刀）和电动旋凿如图 1-50 所示。电动起子机可以紧固 5.5mm 之内的木螺钉，6mm 之内的小螺钉或螺母，装有正反转按钮，以进行拧紧或退击作业。有的电动起子机装有锁定套筒，因而扭矩的调节很容易。有些装有离合器，在受压条件下，离合器张开，而在固定好后，就开始打滑，螺钉旋紧后的最后冲击力较小。

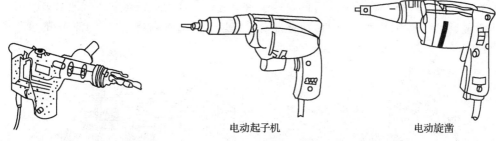

图 1-49　电锤　　　　　图 1-50　电动起子机与电动旋凿

电动旋凿的转速较高、额定输入功率比较大。使用时对位简易，不损伤钻孔周缘，且工作迅速。有无极变速、磁性钻头、螺钉托座、调节拧紧尝试定位器等多种配置的型号。电动旋凿可以旋凿 6mm 及 5mm 的自动扣紧螺钉。

电动角向磨光机如图 1-51 所示，它的特点是适用于受施工位置限制而不能使用普通磨光机的部位，如金属构件焊缝的磨光，去毛刺及除锈等。

砂纸机主要用于代替人工用砂纸对部件进行打磨。砂纸机的底座有不同的规格，通常宽度为 90～135mm，长度为 186～226mm，如图 1-52 所示。

 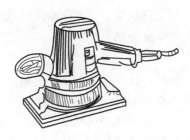

图 1-51　电动角向磨光机　　　　　图 1-52　砂纸机

电动砂光机如图 1-53 所示，种类较多，一般都使用在滚轴上绕砂布的方法进行研磨。袖珍砂光机所用的砂布仅两指宽，所以即使在狭窄到无法伸进手的地方，也能有效地进行作业。

打钉机如图 1-54 所示，又叫风动打钉枪。其工作原理是利用有压气体作为介质，通过元件控制气体的流向和流速，冲击气缸从而实现机械往复冲击运动，推动连接在活塞上的冲击片，迅速冲击进入冲击槽内的钉子，使之钉入木质杆件中达到连接和固定的作用。

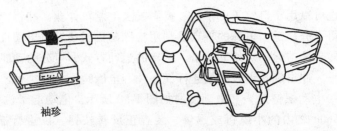

图 1-53 砂光机

射钉枪如图 1-55 所示,又称为射钉器,按作用原理可分为高速射钉枪和低速射钉枪两种类型。高速射钉枪是以火药气体直接作用于射钉,推动射钉运动。低速射钉枪的火药气体作用于射钉枪内的活塞上,由活塞推动射钉运动。后者在建筑装饰工程中的可靠性和安全性较好。

图 1-54 风动打钉机

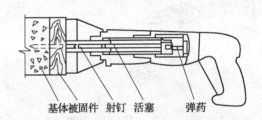

图 1-55 射钉枪及打钉原理

装饰施工中的手动工具、机具很多,例如拉铆枪用于空心铝铆钉的固定、打胶筒用于密封胶液的嵌填等。

在机具的准备中,应该结合工程的特点,选择合适的施工机具,并掌握机具的正确操作使用方法,懂得日常的维护知识。

2.1.3 安全设施与安全操作要求

吊顶安装工程的施工,是一项高空作业的工作,所以,必须有高空作业的设施,遵守高空作业的安全操作规程。

脚手板是高空作业中最常用的设施。所使用的脚手板应牢固可靠,宽度不应小于250mm。脚手板的搁置点应稳定、平整,不可左右晃动。脚手板的横向应搁置成水平状态,其纵向坡度角不宜超过 20°,并在板上钉设防滑短木。长度较大的脚手板,中间应加设搁置支座,并且不准形成挑空状态,如图 1-56 所示。脚手板的支承设置应稳定、牢靠。

当施工高度超过 3600mm 时,应搭设满堂脚手架,以便安全地进行吊顶施工操作。满堂脚手架是指在整个操作面下部满设的脚手架。满堂脚手架的上部站立面,距吊顶饰面层一般为 1700～1800mm,以满足较合适的施工操作高度。

满堂脚手架的搭设材料,有钢管、毛竹、工具式支架等。脚手架上有满铺竹板子或稀铺脚手板两种类型。满铺比较安全、稀铺比较简便。脚手架上不得集中堆放材料等物件,不得有超过规定的荷载值。

施工操作期间,不得在满堂脚手架下行走,设置专门标志以示禁区。施工操作人员不得任意往下抛物。脚手架上的物品必须放置平稳,以免坠落伤人。

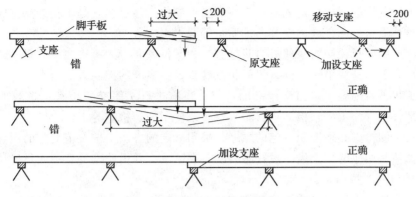

图 1-56 挑头脚手板及其纠正

在施工期间进行电焊电弧作业时,必须有专人监管观察,以防引发火灾等事故。

工程中使用易燃易爆的材料,应对其采取相应的预防措施,例如设置消防器材与灭火用水等,并正确的堆放和覆盖材料,以免意外事故的发生。

2.1.4 施工工艺的技术措施

在吊顶安装工程中,为了确保工程的施工质量、加快施工进度、降低施工成本,应尽量采用先进的施工工艺技术措施。较好的技术措施一般可从以下几个方面进行考虑。

(1) 选用先进的施工机具。选用先进的施工机具,可提高操作工效加快安装施工进度,并保证产品的安装质量。

(2) 推行先进的施工工艺操作方法。好的工艺操作方法,应该省力、快速、高质量。这些方法,往往是来源于技术改革与技术创新之中。必须把这些点滴的改革与创新,进行总结与提高,成为适用性较大、效益较好的工艺操作规程,以便在工程施工中作为一项技术措施。

(3) 编制合理和科学的施工流程。好的施工工艺流程,可以理顺各工序工艺环节之间的关系,减少或避免等工、重复、矛盾、冲突等工序衔接中的不良现象。

(4) 采取相应的技术方法措施,以应对各种可能发生的问题。如质量问题的预防措施、胶结材料的防毒处理方法等,以保证各施工阶段都能顺利地进行。

2.2 工 后 处 理

2.2.1 质量验收

质量验收,就是对装饰装修工程产品,对照一定的标准,使用一定的方法,按规定的验收项目和检测方法,进行质量检测和质量等级评定的工作。

(1) 质量检测制度

质量检测应该有一个较好的制度。

对产品制作过程中工序的质量控制,一般有开始检查、中间检查、最后检查三个步骤。开始检查是在产品未制作前,首先对材料、设备、量测器具进行检查,检查其合格性、精确度、使用的可靠性;对制作的工艺方案进行检查,检查其对产品制作方案质量保证程度;或是检查前次生产的样板、样品,检查其在质量上存在的问题。中间检查是在生产的各个工序工艺阶段，或生产的中间关键环节，或中途产品进行抽查或全部检查，在确定质量水平达到标准后才可进入下道工序的生产制作。最后检查是工程产品完成后，对其进行产品整体质量检测，并确定其施工质量等级水平。

对工程产品质量检测的主体有自我检查、相互检查和专人检查三种方式，即产品的主体施工操作者自己直接检查，同事之间相互检查，由专职的检测人员检查。

对于工程项目的施工，由于产品的特点，还应进行工序交接检查、隐蔽工程验收检查、重点部件检查、工程预检、项目验收检查及使用回访检查等工作。

以上的检测检查必须按照一定的顺序，采用一定的方法，按规范规定的内容和项目进行，并认真填写相应的记录表，履行必要的签字手续，并由监理等有关人员确认。

（2）检测的方法与工具

对于装饰装修工程项目质量检测的方法，主要有以下几种：

1）观察

用肉眼观看，检查颜色、材质、外形等，直观感觉其好坏情况，如表面污染、裂缝、色差、纹理等。

2）触摸

用手触摸产品，检查其光洁度、接槎情况、节点连接牢固程度、结构的稳定性等质量情况。

3）听声

用小锤或手指敲击被测物，听其声音，检查其材质的密实性、内外杆件之间的接合密切程度。

4）尺量

用钢尺或卷尺等尺具进行量测，检测其实际长度值。尺具的精确度必须符合计量规范标准，尺的数值一般读至 mm。

5）塞测

使用楔形塞尺（图 1-57），塞入相应间隙的缝隙中，测定缝隙的宽度。

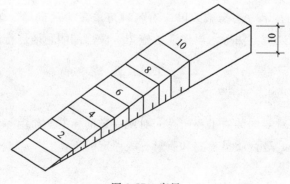

图 1-57　塞尺

6）靠测

使用表面平整的靠尺或靠板，贴紧产品的加工被测定面，用塞尺测出两者之间的缝隙宽度，以此反映被测件的平整程度。靠尺与靠板的长度，均有明确的规定。

7）吊线

使用线坠或托线板（图1-58），测定工程产品垂直情况，其托线板的长度一般均有明确的规定。对于大型产品的垂直情况，一般使用经纬仪测定。

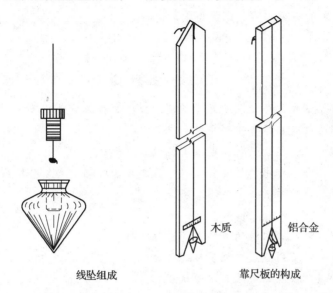

图1-58 托线板

8）拉线

使用细线（直径一般为1~1.5mm），在被测边线的两端拉紧，用量尺量出边线与细线之间的凹凸数值，检测其平整度。检测中细线的长度有明确的规定。

9）对角线量值

使用量尺，测定矩形构件相应两个对角线长度值，通过两对角线的长度差检测其几何方正性。从理论上讲，矩形的对角线应等长。

10）角度方正性

使用90°的直角卡尺（图1-59），检测构件阴阳角的方整度。卡尺的两角翼的长度一般有明确的规定。阴角指凹形角，阳角指凸形角。

11）水平度测定

将水平尺（图1-60）紧贴于被测物表面，测定其是否呈水平状态。对于较大范围水平度的测定，常使用水准仪来测定。

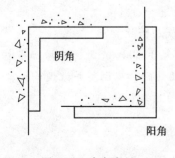

图1-59 直角卡尺

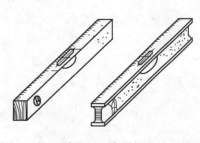

图1-60 水平尺

（3）验收标准

吊顶安装工程的质量验收标准为国家标准《建筑装饰装修工程质量验收规范》GB 50210—2001中的有关内容，即见下附。

附：

6.1 一般规定

6.1.1 本章适用于暗龙骨吊顶、明龙骨吊顶等分项工程的质量验收。

6.1.2 吊顶工程验收时应检查下列文件和记录：

1 吊顶工程的施工图、设计说明及其他设计文件。
2 材料的产品合格证书、性能检测报告、进场验收记录和复验报告。
3 隐蔽工程验收记录。
4 施工记录。

6.1.3 吊顶工程应对人造木板的甲醛含量进行复验。

6.1.4 吊顶工程应对下列隐蔽工程项目进行验收：

1 吊顶内管道、设备的安装及水管试压。
2 木龙骨防火、防腐处理。
3 预埋件或拉结筋。
4 吊杆安装。
5 龙骨安装
6 填充材料的设置

6.1.5 各分项工程的检验批应按下列规定划分：

同一品种的吊顶工程每50间（大面积房间和走廊按吊顶面积$30m^2$为一间）应划分为一个检验批，不足50间也应划分为一个检验批。

6.1.6 检查数量应符合下列规定：

每个检验批应至少抽查10%，并不得少于3间；不足三间时应全数检查。

6.1.7 安装龙骨前，应按设计要求对房间的净高、洞口标高和吊顶内管道、设备及其支架的标高进行交接检验。

6.1.8 吊顶工程的木吊杆、木龙骨和木饰面板必须进行防火处理，并应符合有关设计防火规范的规定。

6.1.9 吊顶工程中的预埋件、钢筋吊杆和型钢吊杆应进行防绣处理。

6.1.10 安装饰面板前应完成吊顶内管道和设备的调试及验收。

6.1.11 吊杆距主龙骨端部距离不得大于300mm，当大于300mm时，应增加吊杆。当吊杆长度大于1.5m时，应设置反支撑。当吊杆与设备相遇时，应调整并增设吊杆。

6.1.12 重型灯具、电扇及其他重型设备严禁安装在吊顶工程的龙骨上。

6.2 暗龙骨吊顶工程

6.2.1 本节适用于以轻钢龙骨、铝合金龙骨、木龙骨等为骨架，以石膏板、金属板、矿棉板、木板、塑料板或格栅等为饰面材料的暗龙骨吊顶工程的质量验收。

主控项目

6.2.2 吊顶标高、尺寸、起拱和造型应符合设计要求。

检验方法：观察；尺量检查。

6.2.3 饰面材料的材质、品种、规格、图案和颜色应符合设计要求。

检验方法：观察；检验产品合格证书、性能检测报告、进场验收记录和复验报告。

6.2.4 暗龙骨吊顶工程的吊杆、龙骨和饰面材料的安装必须牢固。

检验方法：观察；手扳检查；检查隐蔽工程的验收记录和施工记录。

6.2.5 吊杆、龙骨的材质、规格、安装间距及连接方式应符合设计要求。金属吊杆、龙骨应经过表面防腐处理；木吊杆、龙骨应进行防腐、防火处理。

检验方法：观察；尺量检查；检查产品合格证书、性能检测报告、进场验收记录和隐蔽工程验收记录。

6.2.6 石膏板的接缝应按其施工工艺标准进行板缝防裂处理。安装双层石膏板时，面层板与基层的接缝应错开，并不得在同一根龙骨上接缝。

检验方法：观察。

一般项目

6.2.7 饰面材料表面应洁净、色泽一致，不得有翘曲、裂缝及缺损。压条应平直、宽窄一致。

检验方法：观察；尺量检查。

6.2.8 饰面板上的灯具、烟感器、喷淋头、风口篦子等设备的位置应合理、美观，与饰面板的交接应吻合、严密。

检验方法：观察。

6.2.9 金属吊杆、龙骨的接缝应均匀一致，角缝应吻合，表面应平整，无翘曲、锤印。木质吊杆、龙骨应顺直，无劈裂、变形。

检验方法：检查隐蔽工程验收记录和施工记录。

6.2.10 吊顶内填充吸声材料的品种和铺设厚度应符合设计要求，并应有防散落措施。

检验方法：检查隐蔽工程验收记录和施工记录。

6.2.11 暗龙骨吊顶工程安装的允许偏差和检验方法应符合表6.2.11的规定。

表6.2.11 暗龙骨吊顶工程安装的允许偏差和检验方法

项次	项目	允许偏差（mm）				检验方法
		纸面石膏板	金属板	矿棉板	木板、塑料板、格栅	
1	表面平整度	3	2	2	2	用2m靠尺和塞尺检查
2	接缝直线度	3	1.5	3	3	拉5m线，不足5m拉通线，用钢直尺检查
3	接缝高低差	1	1	1.5	1	用钢直尺和塞尺检查

6.3 明龙骨吊顶工程

6.3.1 本节适用于以轻钢龙骨、铝合金龙骨、木龙骨为骨架，以石膏板、金属板、矿棉板、塑料板、玻璃板或格栅等为饰面材料的明龙骨吊顶工程的质量验收。

主 控 项 目

6.3.2 吊顶标高、尺寸、起拱和造型应符合设计要求。
    检验方法：观察；尺量检查

6.3.3 饰面材料的材质、品种、规格、图案和颜色应符合设计要求。当饰面材料为玻璃板时，应使用安全玻璃或采取可靠的安全措施。
    检验方法：观察；检验产品合格证书、性能检测报告和进场验收记录。

6.3.4 饰面材料的安装应稳固严密。饰面材料与龙骨的搭接宽度应大于龙骨受力面宽度的2/3。
    检验方法：观察；手扳检查；尺量检查。

6.3.5 吊杆、龙骨的材质、规格、安装间距及连接方式应符合设计要求。金属吊杆、龙骨应经过表面防腐处理；木龙骨应进行防腐、防火处理。
    检验方法：观察；尺量检查；检查产品合格证书、进场验收记录和隐蔽工程验收记录。

6.3.6 暗龙骨吊顶工程的吊杆和龙骨安装必须牢固。
    检验方法：手扳检查；检查隐蔽工程验收记录和施工记录。

一 般 项 目

6.3.7 饰面材料表面应洁净、色泽一致，不得有翘曲、裂缝及缺损。饰面板与明龙骨的搭接应平整、吻合，压条应平直、宽窄一致。
    检验方法：观察；尺量检查。

6.3.8 饰面板上的灯具、烟感器、喷淋头、风口篦子等设备的位置应合理、美观，与饰面板的交接应吻合、严密。
    检验方法：观察。

6.3.9 金属龙骨的接缝应平整、吻合、颜色一致，不得有划伤、擦伤等表面缺陷。木质龙骨应平整、顺直，无劈裂。
    检验方法：观察。

6.3.10 吊顶内填充吸声材料的品种和铺设厚度应符合设计要求，并应有防散落措施。
    检验方法：检查隐蔽工程验收记录和施工记录。

6.3.11 明龙骨吊顶工程安装的允许偏差和检验方法应符合表6.3.11的规定。

表 6.3.11 明龙骨吊顶工程安装的允许偏差和检验方法

项次	项目	允许偏差（mm）				检 验 方 法
		石膏板	金属板	矿棉板	塑料板、玻璃板	
1	表面平整度	3	2	3	2	用2m靠尺和塞尺检查
2	接缝直线度	3	3	3	3	拉5m线，不足5m拉通线，用钢直尺检查
3	接缝高低差	1	1	2	1	用钢直尺和塞尺检查

规范中涉及安全、健康、环保，以及主要使用功能方面的要求，列为"主控项目"。"一般项目"指的是外观质量要求和形位偏差允许值。

对于室内环境的质量控制，另有《民用建筑工程室内环境污染控制规范》GB 50325—2001规定，对甲醛、氨、苯及挥发性有机化合物进行含量控制，建筑装饰装修施工中十分注意原材料的使用，以符合该规范的规定。

2.2.2 成品保护技术措施

吊顶安装施工中产品保护的重点为半成品的保护。

（1）半成品的保护

选择合适的半成品堆放地点。吊顶工程中所使用的杆件和板材，一般自身的刚度较弱，并且容易受日光和水汽的影响。所以，杆件和板材进入施工工地后，一定要选择合乎半成品特性的地点堆放。堆放场地应该为平整、清洁、干燥和无污染的室内空间。对于有危险性的物品，应设置专用房间进行贮存。

做好堆放物件的保护措施，必要时加以覆盖、设障等措施，以防碰撞、堆压、散落污染等情况的发生，避免半成品被损坏。

在运输和安装中采取正确的操作方法，不得乱掷乱敲、乱动半成品，避免变形、折断、破损等现象的出现。

（2）成品的保护

必须做好吊顶工程中装饰装修工艺与设备安装工艺之间的协调关系，解决好各种构件、杆件、饰面板、设备之间的安装顺序关系，避免出现重复拆装的不良现象。

在拆除脚手架等安全设施时不得碰撞、冲击吊顶结构。

在进行灯具安装、墙面涂刷施工中，不得弄脏吊顶面层，并做好相应的遮盖、清洁工作。

在吊顶安装结束的房间中，不应存放易产生飞扬灰尘现象的物品。

2.2.3 场地清理与资料整理

（1）场地清理

场地清理工作内容为：

1）吊顶结构骨架层中的清理。当吊顶的结构骨架层安装完毕之后，应对骨架层进行全部检查，清除骨架层中的多余材料，决不允许在骨架层中遗漏任何多余材料。然后，将骨架的多余材料分类堆放好，以待工程结束后处理。

2）装饰面层材料的清理。当吊顶的饰面层施工结束后，必须将多余的饰面层用料进行清理，清除无用之物后把有用材料分类堆放，并把它们和骨架材料一起撤离施工场地，以供下一工程使用。

3）对于重要、贵重的多余物品，经点数后应装箱或包装再运至相应的存放地点，进行相应的入库记帐手续。

4）对于脚手架等设备材料与器材，组织有关人员进行清理和维修，以便提供给其他项目继续使用。

5）机具设备的清理。对于各种机电器具，使用完毕后应做好保养工作。使用中损坏的机具，应及时送至有关部门或专业人员处进行维修。在吊顶工程结束后且本工地不再使用的情况下，应将机具装箱待运到新的工地。

6）材料、设备、机具等其他物件清理完毕后，应将施工场地打扫干净，做好相应的吊顶工程保护工作。最后向工地负责人办理分项工程施工的交换班手续。

（2）资料整理

吊顶安装施工的资料整理，一般有以下内容：

1）设计图纸、设计修改图纸、竣工图纸的整理，以反映出设计与施工的全部真实情况。

2）施工日记、进材、用料、余料的帐单，重要机械的使用记录等资料必须齐全。

3）班级任务单的结算资料，用工、用机、用料情况的分析资料。

4）质量检测与验收的资料。

5）建设方、监理方、设计方、工程施工总承包方与分包方之间的来往行文、通知、备忘录、说明等资料。

6）其他重要的资料。

各种资料必须认真按原始的状态进行归类整理，以便将来办理竣工验收手续，总结工程的施工与管理经验，考察工程的质量与成本情况以及可能的索赔事例。

实 训 课 题

3.1 基 本 项 目

3.1.1 木质骨架结构的安装

（1）施工图纸

图1-61为使用木方材作为吊顶结构层用料施工图，从图中可以知道：主龙骨采用50mm×100mm的方材，其间距为1200mm；次龙骨为50mm×50mm的方材，呈双向布置，间距为400mm；吊筋间距为1200mm，现假定用50mm×50mm的方材；灯座设置独立龙骨与吊筋：吊筋设置单独$\phi 6$的吊筋，主、次龙骨的底面均处于同一标高Ha水平面上。

在实际的施工中，结构平面图应与相应的吊顶面层布置对照阅读，以统一与协调它们之间的关系。一般情况下，结构布置服从面层布置，面层布置要照顾到结构布置的可行性。

（2）材料

该项目中主要使用的是50mm×50mm与50mm×100mm的木材方料。各木杆件之间的连接采用长度为45mm与90mm的圆钉。木料的使用量，与具体的安装方式有较大的关系。圆钉的使用量，与连接点的数量及接合方式有关。木材与圆钉的用量应分别列表计算后汇总。方材可以长度为计量单位，圆钉可以kg为计量单位。45mm长标准型圆钉1000只约重1.34kg，90mm长标准型圆钉1000只约重7.63kg。

对于施工中的木质骨架结构层的木料，在进场时应做好材料的验收工作。验证木材的规格与数量是否与送料单相一致，其断面尺寸的误差是否在规定范围之内。核实木材的树种，判别基本含水量，查看木材的外观质量确认木材的等级水平。

木材应分类堆放在平整、挡风、遮雨的室内环境中，施工工期较长的情况下应设置横楞以利通风和防止木材变质影响强度。

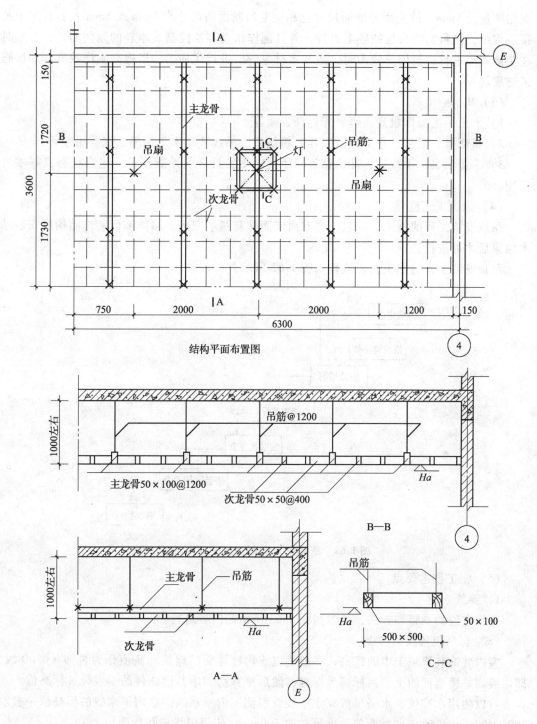

图 1-61 木质吊顶骨架结构图

使用中的木材有毛料及光料之分。毛料是指锯解后直接得到的规格用材，一般表面有锯割印痕就显得粗糙，则断面尺寸的误差较大。光料是指将毛料经过刨削加工的木材，其表面光洁、断面尺寸的误差较小。由于刨削加工时的工艺要求，单面刨削量为3mm，双面刨削量为 5mm，故光面的断面尺寸比相应毛料断面的尺寸小 3mm 或 5mm 左右。用于吊顶工程中，光料的防火性能较毛料好，并且制作精度容易控制。木料的刨削加工，少量时在工地直接进行，当用量较大时，适在木材生产厂进行代加工，以提高生产效率，加快施工进度。

（3）机具

1）木工手工操作机具：锯、斧、锤、凿等。

2）量测具：量尺、水平尺、墨斗、粉线袋、吊线坠、木工铅笔、红蓝铅笔等。

3）手提机具：手枪钻、冲击钻等。手提电动工具必须性能正常，绝缘状态良好才可使用。

（4）施工工艺流程

吊顶安装工程的施工，一般应在室内墙面抹灰基本完成、墙体饰面装饰结构层安装基本结束后才可进行。

吊顶安装工程的施工工艺流程如图 1-62 所示：

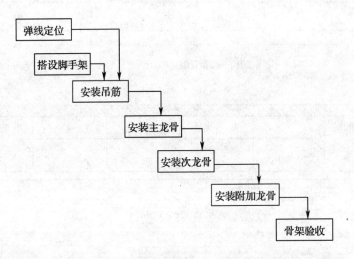

图 1-62　吊顶安装工程的施工工艺流程图

（5）施工技术要点

1）弹线定位

弹线定位的步骤和方法，可参照图 1-63 所示的内容进行。

（a）标高位置线的弹设

室内装饰装修施工中的标高，一般均以室内楼地面的建筑标高值作为装饰 ±0.00 线，即以装饰好楼地面的上表面标高为标准，然后推算房间中其他饰件的垂直位置标高值。

可以使用水准仪、水平尺或充水小胶管引测室内平水线。室内平水线的标高值一般取 300、400mm 或 500mm 整数值。本题中取 500mm，使用墨线或灰线弹出。

根据设计的要求，计算次龙骨的底标高至平水线的垂直距离 h，本题中，即为 $h = Ha - 500$。使用吊线坠或靠尺板及量尺，定出墙面转角处的垂直位置点位。然后，据此点位弹出次龙骨设置的底部定位线。

（b）主、次龙骨水平位置线的分划

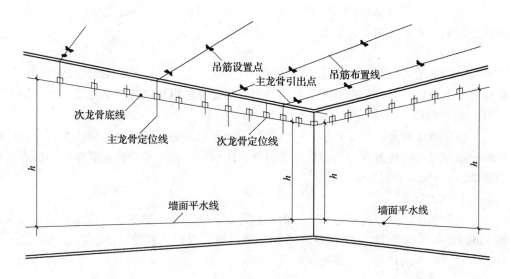

图 1-63 弹线定位示意图

根据设计图纸的要求，按照主龙骨、次龙骨的间距规定，在次龙骨定位线上，量测定出主龙骨、次龙骨的水平位置中心点，并用水平尺或直角尺划出中心线和杆件的左右位置线。在本课题中，所有的龙骨的间距均规定为400mm，杆件的断面宽度均为50mm。

（c）吊筋位置的定位

通过主龙骨的水平位置线，可以通过拉线或弹线的方法，定出吊筋在楼板底下的设置位置点。在本课题中采用弹线法定出吊点位置。

使用线坠吊线、托线板或水平尺，通过主龙骨中心位置线引测到楼板底面。之后，经过相应的引测点用灰线弹出吊筋定位线。

使用量尺，按设计规定在吊筋定位线上量测定出各个主龙骨吊筋的设置点，并把灯具、吊扇所要求的吊筋设置点在楼板底下一一量测标出。

拉线的方法，则是在主龙骨位置线方向拉设细线，然后在平直状态的细线上量测距离，使用线坠吊线的手法把吊点位置直接引向楼板底下。

当楼板底下平整，则采用弹线法；当楼板底下凹凸过多，则采用拉线法。前者精度较高，后者精度较差。

2）脚手架的搭设

脚手架的搭设与否，取决于施工高度。脚手架的类型，根据吊顶施工的工程量的大小、装饰层次的高低而定。脚手架的搭设，可以在弹线前搭设，但应控制好相应的操作层面标高。

3）吊筋安装

吊顶的安装技术，与吊筋的用材与构造形式、吊筋与楼板的节点连接方式、楼板的结构类型有较大的关系。本课题中，吊筋采用50mm×50mm的方木料，楼板底假定为木格栅。所以只须在吊点处加设木横梁，即可安装相应的木吊筋。吊筋与楼板下加设的木格栅之间用圆钉连接即可。

4）龙骨安装

对于木质骨架结构中龙骨的安装，有预制拼装和散件拼装两种工艺方法。本课题中以预制拼装为例，其步骤和方法如下：

（a）划分块体

对整个吊顶结构进行分块安排，每块的长度不应过大，以免安装时发生困难。块体的分界线应处于结构状态比较简单的部位，并充分考虑将来组装结合时的连接措施。

（b）块体弹线

为了确保块体的形状符合要求，可以选择表面平整的地面或楼面，使用墨线或灰线将块体的形状与结构布置情况一一弹设出来，并仔细校核，标出本块体与其他部件的连接构造处理做法。

（c）块体的制作

为了确保精度，可以使用经刨削后的木料方材。主龙骨、次龙骨、撑龙骨之间应采用如图1-64所示的凹槽卡接，槽中涂刷胶液并使用圆钉固定。各龙骨的位置应按弹出的位置进行布置，其中的灯座、吊扇等龙骨可随即安装好。

（d）块体安装

首先，安装沿墙龙骨，以此作为块体的支承搁置点。沿墙龙骨应沿墙面上的次龙骨底面定位线设置，可用水泥钉与墙体固定，亦可使用圆钉与预埋木砖钉牢，或钻孔木榫结合。

块体的安装应从墙角开始，然后在中间合龙。将块体抬至安装位置的底下，将其托至稍高于吊顶安装标高后用绳索把主龙骨临时悬吊于楼板底下。

使用激光扫平仪或水准仪等其他仪器，在标高要求的控制下，使块体下落，沉到规定的位置。先固定块体于沿墙龙骨，使其接口吻合、标高一致。然后，设置相应的吊筋，通过调整吊筋的长度，使相应的龙骨底标高在规定的数值之中。居于中间的块体，应注意起拱要求，一般起拱值为短跨长度的3‰。

块体与块体之间的连接处，应对接严密整齐，各杆件的端头应严格对准。然后，用30mm×40mm×200mm刨光短木在侧面将杆件接头钉牢固定。

在所有的主龙骨与次龙骨交接之处，使用木小吊筋固定，如图1-65所示。

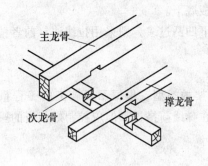

图1-64 龙骨的卡槽结合

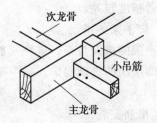

图1-65 主、次龙骨间的木吊筋固定

（6）质量验收

木质骨架结构安装完毕后，应对整个骨架结构的安装质量进行严格检查，对于实际工程施工中的项目，其检查的内容，主要如下：

1）龙骨架荷重检查：在检修孔周围、高低叠级处、吊灯吊扇处，根据设计荷载规定进行加载检查,加载后木质龙骨架有下沉或颤动之处,应增设吊点予以加强。吊点、吊杆的数量、位置的增加和给出,应由设计人员确定。

2）龙骨架的标高及平整度检查:用仪器测定各控制点的标高应与设计要求相一致,起拱高度合乎设计或规范规定,整个木骨架的平整度偏差不超过±5mm。若有不符之处,均应彻底返工修理。

3）杆件质量检查:主龙骨、次龙骨、撑龙骨、墙龙骨、附加龙骨、吊筋、连接板等杆件,自身的质量良好,无钉裂、钉劈、断折、裂纹之处,如有应更换;如有漏钉之处应加钉钉牢;如有顶撑、斜撑、剪刀撑等,应补齐。对有问题的杆件,应修理或配换。

对于本课题的木质吊顶骨架结构安装的施工质量验收,下表可作为测定评分之用。

木质吊顶骨架安装质量测定评分表 表1-3

		项目内容		质量检测记录		
主控项目	1	吊顶标高、尺寸、起拱和造型应符合设计要求				
	2	杆件的安装必须牢固				
	3	杆件的材质、规格、安装间距及连接方式应符合设计要求				
一般项目	1	木质吊杆、龙骨应顺直、无劈裂、弯形				
	2	块体拼接平整、杆件端部对齐				
	3	吊筋应不露出次龙骨底面且不易过短				
允许偏差		项目	允许值（mm）	检测记录			
				1	2	3	4
	1	表面平整度	2				
	2	龙骨直线度	3				
	3	拼接高低差	1				
检测数		合格数		合格率	%	评分	

（7）产品保护

木质吊顶骨架安装后,应做好各项产品保护工作,以便顺利进入面层安装施工阶段。

必须做好结构层的封闭工作,不准无关人员进入吊顶施工区域。

做好管线设备安装的交接后期处理工作,对于损坏的杆件必须整修。

做好吊顶施工现场的安全防火工作,以防火灾事件的发生。

（8）质量通病分析

1）吊顶底面不平整

由于施工中标高控制不严格,龙骨的截面尺寸不准确,龙骨的拼合接长处的缝隙接榫误差大,导致顶棚底标高不在同一数值之中,造成吊顶底面不平整,使面层的安装无法达到规定的质量标准。

2）吊顶下沉

由于吊装中荷载过大,或吊筋安装不牢固,或施工起拱留量不够,吊顶底部呈下沉现象,严重时可能发生吊顶塌落事故。

3）吊顶底面呈翘曲状态

由于龙骨木材的含水量过高,或杆件连接构造方式处理不当,使龙骨杆件弯曲变形严重、节点接合松散、缝隙变大，造成吊顶底面发生严重翘曲变形，导致装饰面层脱落、裂缝、起壳的现象发生。为防止这类现象的发生，应严格控制木料的含水量，吊筋与龙骨及吊顶格栅之间应对称交错布置，避免梁侧单边受力现象的出现，合理设置撑杆与夹板，减少木材的弯曲变形值。

3.1.2 轻钢龙骨骨架结构的安装

（1）施工图纸

图 1-66 为轻钢龙骨骨架结构的结构情况布置图。从图中可以看出，该吊顶的周边设有 1200mm 宽的灯槽带，灯槽带区域布置有内径 200mm×200mm 的通风口，中间的吊顶中设有直径为 250mm 的灯座孔。

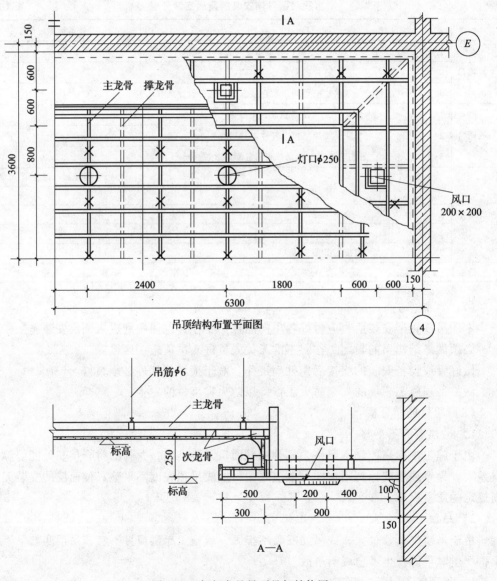

图 1-66 轻钢龙骨吊顶骨架结构图

现假定：主龙骨为 CB50×20、间距为 1200mm，次龙骨为 CB50×20、间距为 400mm，撑龙骨为 CB50×20、间距为 1200mm，吊件为 CB38—1，吊筋为 $\phi6$ 钢筋、间距为 1200mm，挂件为 CB60—3，连接件为 DB60—L，特殊情况下杆件之间可用焊接或空心铝质铆钉连接或固定，沿墙龙骨与墙体之间的连接采用膨胀螺钉。

同时，此结构将作为石膏饰面层安装的结构层。

（2）材料

本课题中，所采用的龙骨均为 CB 型的轻钢型材，其断面为"["形，断面尺寸为 50mm×20mm，主龙骨为立向设置，次龙骨与撑龙骨为凹槽向上横向设置，主、次龙骨之间为双层布局。撑龙骨支撑于次龙骨之间。据此，可以计算 CB50×20 型材的用料量。

对于吊筋、挂件、连接件、固定件等材料，也可按实际计算其用量。

（3）机具

本课题中，所使用的机具比较简单，主要有：

1）手工工具：锤、钢锯、扳手、拉铆枪、旋凿等。

2）量测弹线工具。

3）手提电动工具：冲击钻、手枪钻、切割机等。

（4）施工工艺流程

轻钢龙骨吊顶骨架结构的安装施工，其工艺流程包括弹线定位、材料准备、脚手架搭设、吊筋安装、沿墙龙骨安装、主龙骨安装、次龙骨与撑龙骨安装、附加龙骨安装及质量验收等各道工艺流程，其相互之间的关系基本上与木质骨架的安装相同，可参照有关的内容绘出本课题相应的施工工艺流程图。

（5）工艺要点

1）弹线定位

使用仪器和相应的量测具，在墙面弹上平水线，次龙骨底面控制线和主龙骨、次龙骨、撑龙骨的设置线，在楼板底弹出吊筋设置位置线。

2）吊顶龙骨材料的整理

对进入施工现场的龙骨型材进行整理、修理、分拣、剔除等工作，然后分类堆放于平整干燥的室内楼地板面上，以防变形和生锈。

3）吊筋的制作与固定

现假定吊筋与楼板之间使用吊环固定，吊环已预先埋设完成且位置比较正确，基本符合设计要求。

吊筋采用 $\phi6$ 钢筋制成，下部进行套丝处理，以便使用螺母紧固。吊筋的长度，按实际情况而测定。

4）主龙骨安装

用吊筋将主龙骨悬吊到架设高度，并用激光扫平仪或其他仪器测量安装高度，调节吊筋与吊件之间的螺母，使主龙骨定位于正确的标高位置上，并注意起拱要求。

主龙骨定位后，使用"轻钢龙骨定位枋"进行定位固定，并设置相应的垂直撑筋，以固定主龙骨的水平与垂直位置，以免上下与左右发生晃动。

5）次龙骨与撑龙骨的安装

使用挂件安装次龙骨。次龙骨与墙的连接处、次龙骨与次龙骨的接头处,应设有100mm宽的膨胀缝。沿墙龙骨用膨胀螺钉固定。次龙骨与次龙骨之间、次龙骨与沿墙龙骨之间的接头,用连接件连接。

在安装次龙骨的过程中,安装撑龙骨。撑龙骨应预先断料以加快安装速度。撑龙骨与次龙骨之间使用连接件连接。

6)附加龙骨的安装

按照要求,安装灯具口、风洞中的龙骨,相互之间可用拉铆钉连接,必要时加设相应的吊筋。

(6)质量检查

对于施工中的工程,对轻钢结构层必须进行认真的检查,履行必要的质量验收程序。检查的内容为龙骨骨架荷重、骨架安装及连接质量、杆件的自身质量三个主要项目。

对于本课题,可以参照表1-4进行质量测评与评分工作。

轻钢龙骨吊顶骨架安装质量测定评分表　　　　表1-4

		项目内容		质量检测记录			
主控项目	1	吊顶标高、尺寸、起拱和造型应符合设计要求					
	2	杆件的安装必须牢固					
	3	杆件的自身质量必须符合要求					
一般项目	1	杆件的外观、形状正常					
	2	吊筋的垂直位置状态					
	3	结构层中的落手清状态					
		项目	允许值(mm)	检测记录			
				1	2	3	4
允许偏差	1	表面平整度	2				
	2	龙骨直线度	3				
	3	拼装高低差	1				
	4	连接件变形	无				
检测数		合格数		合格率	%	评分	

(7)产品保护

在实际的轻钢龙骨吊顶骨架结构安装施工中,产品保护的要求和做法,基本如前所述,故在此不做重复说明。

(8)质量通病分析

轻钢龙骨吊顶结构层的质量通病一般有以下几种:

1)底部不平整、拱度不匀

主要是由于弹线不准、标高控制不严或吊筋设置不良而引起的。

2)主、次龙骨纵横线条不平直

主、次龙骨受扭而不平直,吊筋位置偏斜拉牵力不均匀,没有拉通线进行调整等原因所造成。

3）造型不符合要求

这是由弹线不准、龙骨布置移位后所造成的。

4）结构层可上下波动

这是由于沿墙龙骨固定不牢固、吊筋数量不足，缺少垂直撑筋所致。

3.1.3 木质面层的安装

(1) 施工图纸

本课题的工作内容为：在图1-67木质吊顶骨架结构层的下面，安装阻燃型胶合板饰面层。

现假定为：胶合板为7mm厚的五夹板，分格为400mm×400mm，缝隙为三角条离缝，如图1-67所示。在沿墙设35mm×75mm贴角木线条。灯具口不做装饰，另有定制部件装入。

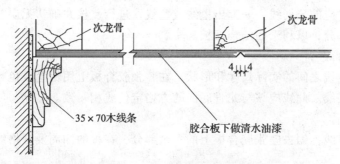

图1-67 木质面层节点图

(2) 材料与机具

本课题的饰面材料主要为五夹板，使用圆钉或无头钉固定。

使用的机具中除包括常用的木工、手工工具和量测弹线工具外，还应备有汽钉枪以加快钉钉的速度。

(3) 施工工艺流程图

胶合板饰面层的安装工艺流程图，由于工艺步骤较少，操作工种单一，故比较简单。具体如图1-68所示：

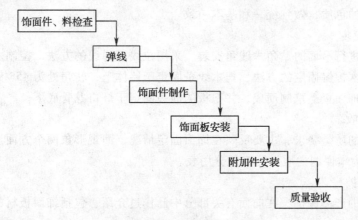

图1-68 胶合板施工工艺流程图

(4) 工艺要点

1) 饰面件、料检查

施工中的吊顶装饰面层材料用的胶合板,应该使用阻燃型两面刨光一级胶合板,并须涂刷防腐剂。

本课题中应利用上述类别的胶合板。胶合板的木纹、色质、树种、规格应一致。

2) 弹线

弹线工作包括两个部位的内容:一是骨架结构中次龙骨底下的饰面块件分格定位线,简称定位线。二是整张胶合板板面上的制作加工线,简称加工线。

(a) 定位线弹设

先对骨架结构中的次龙骨、撑龙骨进行间距的复核,了解间距的实际数值。然后,按设计规定的饰面分格尺寸,结合实际的龙骨间距情况,在吊顶的边沿处进行分格定点画线。在分格定点中,必须注意整个吊顶方格的统一性和每一方格的方正性。最后使用墨斗或色粉袋,依照对应的分划线一一弹出墨线或色线,进行复核并确认无误。其线应该居于龙骨底面的中间部分,以利于固定饰面板。

(b) 加工线弹设

根据方格定位线之间的实际尺寸和形状,在整张胶合板上用铅笔或色粉袋,划出或弹出相应的方格加工线。此线应该与龙骨底面的方格定位线相一致。

3) 饰面件制作

根据板面加工线,锯去整张胶合板上的多余部分,在板的四周及分格线上,刨削出三角槽。

有时,为了制作方便,把每一小格的饰面块,单独加工成一小块,并四边倒45°的边角。采用这种做法,则小块板材的外形尺寸应比实际弹线尺寸小0.5~1mm,以应对施工误差的产生。

4) 饰面板安装

将制作好的胶合饰面板,由吊顶中间部分开始,逐块向四周辐射安装。安装时先将板托至预定位置,使板上的槽口中心线与龙骨底下的分格定位线相一致,随即用钉固定。钉钉时应从胶合板中间开始,逐步向四周展开,不得多点同时作业。

小块方格饰面胶合板安装比较省力,用手托加钉固定。然而,必须注意胶合板的木纹走势方向、木材的色质,做到统一和基本一致。

5) 附加件安装

根据要求,进行沿墙的贴角木线角安装。采用拉线或弹线的方法,控制木线条的安装位置。使用钻孔木榫钉固定的方法,把木线条固定于墙体上,转角处为45°接角处理。

灯座口应在饰面板上挖制而成,并把板的周边固定于灯口龙骨底下。

(5) 质量验收

木质饰面层的质量要求,主要反映在饰面固定情况、面观形象两个方面。

表1-5可作为本课题的质量测定评分用表。

(6) 产品保护

施工中项目的产品保护,在前面有关部分中已作过介绍,包括饰面板材的保护和安装后的饰面装饰层的保护。

木质吊顶饰面安装质量测定评分表　　　　表1-5

		项目内容	质量检测记录			
主控项目	1	饰面材料的材质、品种、规格、颜色应符合设计要求				
	2	饰面材料的安装必须牢固				
一般项目	1	饰面材料表面应清洁、色泽一致、不得有翘曲、裂缝及缺损。线槽宽窄一致、深浅一样				
	2	灯具口、风口、贴角线位置合理、美观				
允许偏差项目		项目	允许值（mm）	检测记录			
				1	2	3	4
	1	表面平整度	3				
	2	接缝直线度	3				
	3	接缝高低差	1				
	4	缝隙底部高低差					
检测数		合格数		合格率	%	评分	

饰面板材的保护，主要为免除板材受损受污染的措施，故必须选择良好的堆放与贮存的室内场地，并做好设障与遮盖工作。

饰面层的保护工作，主要为防污染碰撞的措施，故必须做好后续工序的协调工作与隔离遮挡工作。

（7）质量通病分析

胶合板饰面层的施工中，一般有以下几种：

1）面层变形

形成原因：板材在空气中吸收水分，吸湿膨胀所致；板材与龙筋之间钉合顺序有误、施钉时从板材的周边往中间钉，使板内储有应力，应力释放形成变形；吊顶龙骨分格过大，板材因此产生挠度下沉变形。

2）分格不均匀、不方正、拼装缝不直

形成原因：由于弹线不正确、块材加工的质量低劣、安装时块材的放置位置不准确等原因而形成。

3）吊顶底面大面积不平整、下沉，挠度明显

形成原因：由于吊顶的结构层施工质量差而形成。

除了上述的质量问题之外，还会有胶合板凹凸不平、翘边或钉裂、错钉、弯钉、漏钉之处，有封边收口未连接贯通、断头错位、线条不直等问题。这些问题的产生是由于操作马虎或技术不熟练等因素所致。

当胶合板层作为整个装饰面层的基层时，胶合板层一般只需达到其基本的质量要求，其外观质量水平由以后的装饰面板层施工情况所决定。

3.1.4 纸面石膏板面层的安装

(1) 施工图纸

本课题的工作内容为在图1-66所示的轻钢龙骨吊顶骨架结构层下面安装纸面石膏板饰面层。

现假定采用12mm厚、1200mm×2400mm规格的普通型纸面石膏板材，其板边为直角形，采用自攻螺钉固定于龙骨上。其灯口与风口均不做特别处理，仅做留洞设置；灯槽内仅做石膏板铺设。

(2) 材料

本课题中主要的使用材料为纸面石膏板及相应的自攻螺钉、嵌缝纸带、嵌缝膏、金属护角等。

嵌缝纸带是由原木纸浆和交错纤维等材料所组成，与嵌缝膏共同使用，做石膏板拼缝的粘结嵌缝处理，也可作阴角的修饰或对裂缝进行修复。纸带的类型也较多，各种规格的纸带具有不同的使用特点。

嵌缝膏是石膏粉在施工操作时加入胶水拌制而成的，对石膏板拼缝的粘结和表面破损进行处理和修补。

金属护角一般由镀锌角铁或不锈钢所组成，与嵌缝膏共同使用，对有可能碰撞阳角等转角部位进行保护，可以起到使缝条挺括和美观的作用。

(3) 机具

所使用的工具、机具分板材安装和嵌缝两类。安装所用的主要为板材切割工具和自攻螺钉钻孔与固定拧入工具，嵌缝所用的主要为拌料与批嵌工具。前者如割刀、锯子、手枪钻、旋凿等，后者如样板、刮刀、批板、排笔等。

(4) 吊顶饰面层的安装施工工艺流程

施工吊顶饰面层的安装施工工艺流程，因石膏板材的类型、工程项目的特点不同而有所区别。本课题的施工工艺流程如图1-69所示：

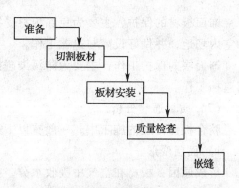

图1-69 吊顶饰面层安装施工工艺流程图

(5) 工艺要点

1) 准备

施工中的准备工作一般有以下内容：

(a) 结构层的检查：检看结构层中次龙骨的布置情况，核定与饰面层设计所要求的吻合程度。

(b) 石膏板材的规格、质量检查：由于石膏板材是一种易损、易受污的材料，对进场和堆放时间较长的板材，必须进行检查，复查其受损、受污染情况，根据已经安装完成后的吊顶结构层状态，复核板材的规格可用性。

(c) 板材的运入：当确定可以进行饰面层施工之后，可以把石膏板材运至安装地点。在运输与堆放时，必须做好板材的保护措施。

2）板材切割

纸面石膏板切割时，应先用工具刀靠在直尺上在石膏板一面的护纸划痕，其划痕不能太深而将另一面护纸划破，然后用力将板折断。石膏板切割后的切割处应该整齐光滑，必要时进行修整刨削。

当切割形状比较复杂，如圆孔等情况，可先用钢丝锯割，然后再刨削修整光滑。上人吊顶的石膏板，应使用手工钢锯进行锯割。

3）板材安装

石膏板安装时，印有商标的一面应向里（向上）。施工中的石膏板安装，应使石膏板长边与主龙骨平行，与次龙骨呈垂直的十字交叉，仅吊顶的一端向另一端开始错缝安装，逐块排列行进，余量放在最后安装。石膏板的周边必须落于龙骨的中心线上，与墙之间应留 6mm 左右的间隙。石膏板与龙骨之间用自攻螺钉固定，每张板的固定应从中部开始，向两侧展开。螺钉的中距为 150~200mm，螺钉距面纸包封的板边缘距离为 10~15mm，距切割后的板边距离为 15~20mm。

在本课题中，可以先安装吊顶中间高处的石膏板，然后再装灯槽底的石膏板，最后拉线安装贴角石膏板脚条。石膏线脚条可使用石膏浆粘贴与木榫螺钉固定在墙上，并注意不阻塞板材与墙体之间的留设缝隙。

本课题中的灯口、风口，均应在相应的位置，预先在石膏板上定出位置，经切割成形后安装到设计位置。

4）质量检查

石膏板安装施工完成后，应对其进行安装质量检查，对其造型、拱度、固定情况、接缝处理、钉钉情况、板材的完好状况进行检查。具体的检查项目、标准、方法，须按相应的规范进行。

本课题的板材安装质量检测与评定，可参照表 1-5 的项目进行。

5）板面嵌缝

当纸面石膏板的安装质量合格后方可进行板面嵌缝操作。

板面嵌缝的目的是堵埋钉眼、嵌塞缝隙、通过布设嵌缝纸带加强板材之间、板材与墙体的连接牢度并填补凹痕。

板面嵌缝使用的材料为嵌缝膏或现场拌制的石膏腻子及嵌缝纸带等。

板面嵌缝施工有一定的气候湿度规定，即空气湿度过大，容易引起石膏护纸起鼓脱落的现象发生。

对于在纸面石膏板下再做其他饰面板材装饰的项目中，则板面嵌缝的工艺工作由设计规定。

（6）产品保护

主要针对石膏饰面层的防污染、防碰坏的要求，采用遮挡等措施，基本方法同胶合板饰面层的有关内容。

（7）质量问题分析

纸面石膏板饰面中一般会出现以下问题：

1）吊顶底部标高、起拱不对

主要由于吊顶结构层的施工质量不佳所引起的。

2) 板材松动、裂缝、下沉凸出

由于板材与龙骨之间固定不当，或板上堆物、或螺钉松动等原因造成的。

3) 板面出现锈斑

固定螺钉没有埋入板内，或钉眼孔中没有嵌设腻子，导致固定螺钉失锌生锈，扩散到外侧的板面，形成点点锈斑。

4) 板面污染、锤印、伤痕

在施工中不注意，或产品保护工作没有做好，饰面层受到各种不良损害而出现以上的各种情况。

5) 板面护纸起壳、卷边、脱落

空气湿度较大、护纸受潮变形而引起。

3.2 拓展项目

3.2.1 项目名称

（1）折线形的吊顶，采用明架轻钢龙骨结构与石膏饰面板饰面材料，如图1-70所示。

（2）倾斜形的吊顶，采用暗架轻钢龙骨结构与矿棉吸声板饰面材料，如图1-71所示。

（3）弧形的吊顶，采用木骨架或钢木骨架结构与钢丝网板条抹灰饰面层，如图1-72所示。

3.2.2 项目任务

（1）图纸阅读

通过对图1-70、图1-71、图1-72的阅读，了解图中的设计要求，发现问题。

（2）翻样

1) 翻样的基本概念

翻样，从字面上看，既可以作为一项具体的工作，又可以作为一个岗位的名称。

翻样作为一项具体的工作，则指的是对设计人员设计的内容进行翻板、注释、细化工作，绘制相应的翻样图交付操作人员进行具体的产品估价和安装施工。

翻样作为一个岗位职务的名称，则其工作职能的含义广泛得多，不仅包括施工图纸的翻样、绘制翻样图，还包含有相应的工种技术管理与技术指导及业务交往等工作。

翻样岗位人员的工作，一般有以下内容：

绘制翻样图；指导相应工种的技术工作，解决技术难题；负责与设计人员联系，解决图纸上存在的技术问题；编制外加工构件、配件的图纸、单据等技术文件；编制外采购的材料、配件、五金设备等器材的单据及技术文件；参加项目的施工组织设计的编制；参加图纸交底、图纸会审、竣工验收等相关的技术会议；参加相应的施工生产管理工作的例会。

2) 图纸的翻样

图纸的翻样，是一项重要的工作。图纸翻样的工作步骤和要点如下：

(a) 图纸的阅读

图纸的阅读，是一项最基本的工作。通过对图纸的阅读，对项目的总体要有一个比较清楚的认识。在阅读图纸的过程中，把所发现的设计错误、设计不合理的内容仔细地记录在专备的本子上，并尽可能找出正确的、可行的方案措施。

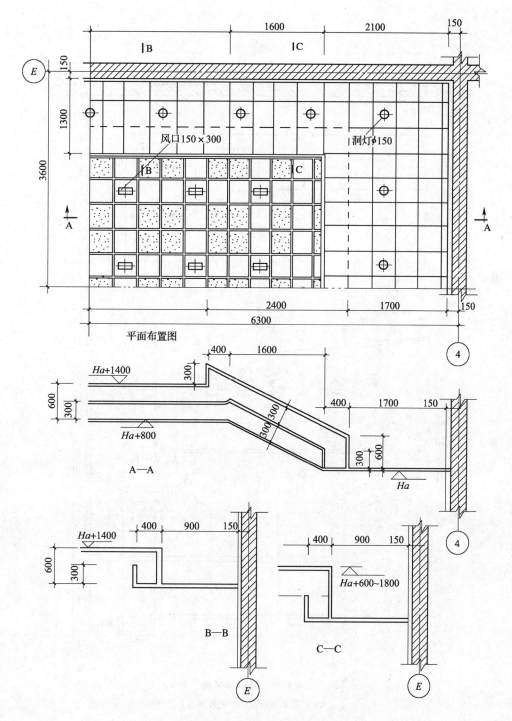

图 1-70 折线形状吊顶
（注：明架轻钢龙骨结构石膏饰面板）

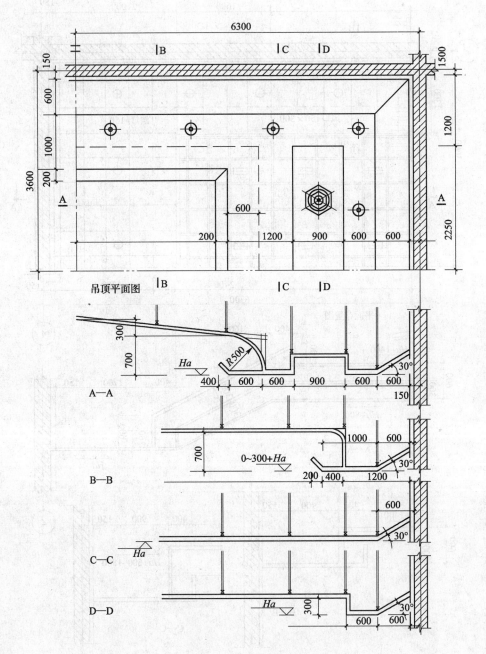

图 1-71 倾斜形吊顶
（注：暗架轻钢龙骨矿棉吸声板）

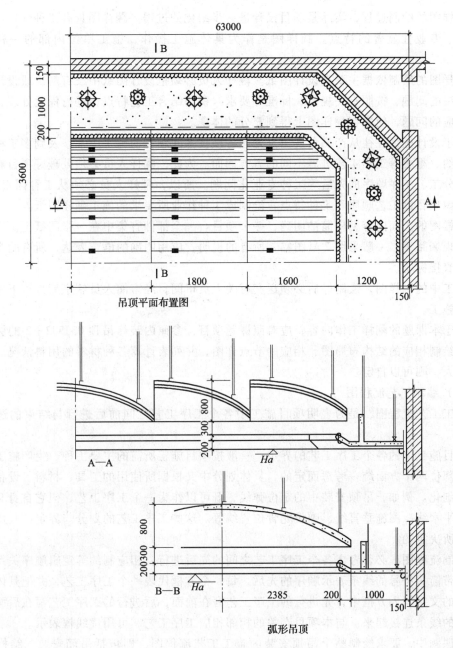

图 1-72 · 弧形吊顶
（注：暗架木龙骨抹灰板条钢丝网）

（b）图纸的交底与会审

由项目负责人（装饰装修工程项目常为建筑单位或监理单位）召集相应的设计人员、施工人员及相关人员，召开专门的图纸交底与会审会。先由设计人员介绍项目的基本情况和设计中的主要技术要求和技术措施，之后由包括翻样人员在内的施工人员提出图纸中的问题，并取得一致意见，之后由设计人员编制修改备忘录，作为以后施工的依据文件。

（c）翻样图的绘制

翻样图的绘制过程，实际是项目设计进一步细化的过程。翻样图具有工种性突出、针对性强、专业性显著的特点。翻样图是作为具体施工操作，施工单位内部的一种技术文件。

翻样图的绘制依据主要是设计图纸。翻样人员必须把设计图纸中没有解决或设计人员无法解决的问题，按照有关规范、标准等要求，密切结合工艺特点，进行深化处理，妥善解决相应的问题，使之在翻样图上得到充分的体现。

由于设计图纸往往从产品角度出发处理各项技术问题，而施工中常涉及到多工种的交错、制约、重叠等工序工艺进展不同的方方面面。为此，翻样人员必须处理好项目施工中的工种分工、工序顺序的先后等工种专业化问题。所以，翻样人员必须从工种因素出发，深入考虑项目的工艺顺序和工种特点，绘制成工种作业所要求的施工翻样图纸。

翻样图的图面内容，应简洁明确，一个项目、一个部件宜集中在一张图纸上。为了便于施工现场阅读，一般采用2号图幅，所有的说明，应用明确的语言表达，所有的有关尺寸，应直接标明。

施工中的翻样图，绘制好后必须送交有关人员审阅，经审阅人员签字后方可下发进行具体的施工。

对于本课题的翻样工作内容，应对照课题项目，参照内装修吊顶03J502—2的标准设计图，绘制相应的结构布局图、相应的节点详图，并列表计算各种材料的用料情况。吊顶是否上人，则可以自定。

（3）编制工艺流程图

施工工艺流程图，是为表明项目施工中各个工序工艺之间前后进行与结束的逻辑关系图。

项目施工中的各个工序工艺的界定，一般按项目施工所需的主要工种、生产施工对象部件或部位两个方面统一考虑而定的，具体划分中又根据所使用的工具、材料、设备不同而进行细化。例如，吊顶安装中的定位弹线，既可以作为一个工序工艺，但它自身又可分为引测平水线、测施垂直线、弹设龙骨位置线等。这些工序工艺的划分与界定，是由具体的需要所决定的。

绘制流程图，必须考虑各个工序工艺之间的先后进行，相应制约等逻辑顺序关系，一般使用带箭头符号的线条表示顺序的先后，每一个方框代表一个工序工艺，并把具体名称用简洁的文字写入方框中，先进行的工序工艺写在前面，后进行的工序工艺写在后面，用带箭头的线条连接起来。与本项目有关的相邻相应工序工艺，可用虚线框表示。

本课题中，要求绘制整个吊顶安装的施工工艺流程图，即包括吊筋安装、结构层安装、饰面层安装的全过程。

（4）编写工艺操作的要点

工艺操作的要点，又叫施工要求、施工技术。指的是在各个工序工艺中的方法、注意事项、技术要求等。这些要点能保证施工质量、施工安全、施工成本、施工进度达到既定的目标，它的内容有材料的堆放、使用、机具的使用、操作规范、工艺方法、安全要求、产品的保护等。在编写时，应按工序工艺的特点，选择容易被忽视、容易出问题、效果显著的内容编写进去。

本课题中，可以参阅有关的参考资料，试编相关的工序工艺的操作要点。

（5）其他技术工作

根据项目施工的特点和需要，进行其他的技术工作。例如：

施工中的放样与套板制作、样板段的施工、样板装饰房的策划与施工、模型的制作、装饰花饰的制作等。

思考题与习题

1. 顶棚有什么作用？什么叫做直接式顶棚？有什么特点？
2. 什么叫做吊顶？吊顶有什么特点？
3. 吊顶有哪几个部件组成？各有什么作用？
4. 吊筋有哪几种构造做法？并绘简图说明。
5. 吊顶有哪几种主要分类方法？各有什么特点？
6. 吊顶的结构骨架层常见的有哪几种？木质与轻钢龙骨骨架之间有什么相同与相异之处？
7. 吊顶的饰面层，施工中有哪几种方法并说明相应的适用对象？
8. 吊顶安装施工中，如何控制空间中龙骨杆件的安装位置？
9. 吊顶安装工程中涉及到哪几种图纸？它们各自反映了哪些主要内容？
10. 如何阅读吊顶安装的施工图纸？
11. 吊顶安装施工图交底的目的是什么？如何进行图纸交底？
12. 吊顶工程中一般有哪几种类型的材料？各有什么特点？
13. 如何选择吊顶安装中的手提电动工具？
14. 吊顶安装施工中的安全设施主要内容是什么？
15. 从哪几个方面采取相应的施工工艺技术措施？
16. 吊顶安装工程施工质量验收的质量标准有哪些规范？一般分为哪些项目和要求？
17. 质量检测制度有哪几种？
18. 吊顶安装工程中产品保护的重点是什么？有哪些主要措施？
19. 说明清理场地的工作内容。
20. 说明施工资料准备的重要性和资料的类别内容。
21. 说明吊顶安装中弹线的基本步骤和方法。
22. 绘制胶合板木龙骨吊顶安装施工的工序流程图。
23. 绘制纸面石膏板轻钢龙骨吊顶安装施工工序流程图。
24. 在吊顶施工中，产品保护措施一般有哪些内容？
25. 如何区分明架与暗架吊顶装饰？
26. 翻样图有什么特点？
27. 什么叫作施工工艺流程图？它有什么作用？
28. 如何编写工艺操作要点？

单元 2 轻质隔墙的施工

知识点：轻质隔墙结构的构造、施工工艺和方法、饰面材料的性能和技术要求、质量验收标准与检验方法、安全技术、成品与半成品的保护方法。

教学目标：通过本章的学习，能够熟练地识读轻质隔墙施工图，能够对节点详图进行施工图翻样，能熟练的选用施工机具、装饰材料，进行测量放线和施工机具常规维护；能对分项工程施工质量进行验收。

课题1 轻质隔墙的基本知识

1.1 轻质隔墙的定义、功能和类型

1.1.1 隔墙（隔断）的定义、功能

隔墙是指分隔建筑空间的墙体构件，主要用于室内空间的垂直分隔。根据所处的条件与环境的不同，还具有隔声、防火、防潮、防水等功能要求。

建筑中的承重墙，主要为承受荷载的结构部分，尽管也起分隔建筑空间的作用，习惯上不属于隔墙的范围。所以，从狭义的角度上讲，隔墙是分隔建筑物内部的非承重构件，其本身的重量由梁和楼板来承担。因而对隔墙的构造组成要求为自重轻、厚度薄。

隔墙根据构造做法的特点和分隔功能的差异分为普通隔墙与隔断。

普通隔墙与隔断在功能和结构上有很多相同和不同的地方。

相同之处：

二者均可分隔建筑物的室内（或室外）空间，均为非承重建筑构件。

不同之处：

（1）分隔空间的程度与特点不同

一般的情况下，普通隔墙高度都是到顶的，使其既能在较大程度上限定空间，即完全分隔空间；又能在一定程度上满足隔声、遮挡视线等要求。而隔断限定空间的程度较弱，其高度可到顶可不到顶，隔声、遮挡视线等往往并无要求，并具有一定的空透性，使两个空间有视线的交流，相邻空间有似隔非隔的感觉。

（2）安装、拆装的灵活性不同

普通隔墙一旦设置，往往具有不可变动性，至少是不能经常变动的；而隔断在分隔空间上则比较灵活，可随意移动或拆除，在必要时可随时连通或者分隔相邻空间。

有时，普通隔墙与隔断在构造形式和功能上，不易区分开来，故在本教材中，把两者统一在一个隔墙的概念中进行研究。

1.1.2 轻质隔墙的定义与特点

自重轻的隔墙叫做轻质隔墙。有人认为每 $1m^2$ 的墙面自重小于 100kg 可称为轻质隔

墙,此值可作为参考。

隔墙达到轻质的目标,一般从组成材料和构造方法两个方面考虑。采用轻质材料,可以从根本上减轻隔墙的自重,例如使用空心砌块、泡沫材料、塑料代替钢材等。采用合理的结构与构造形式,减薄墙体的厚度、改善墙体的内部构造体系,也可以达到减轻墙身自重的目的,例如采用轻钢结构组建墙体中空心构造做法等。

1.1.3 轻质隔墙的类型、适用对象

(1) 普通隔墙的类型

普通轻质隔墙(或隔断)按其组成材料与施工方式划分为轻质砌体隔墙、立筋隔墙、条板隔墙。

1) 轻质砌体隔墙

砌体隔墙通常是指用加气混凝土砌块、空心砌块、玻璃空心砖及各种小型轻质砌块等砌筑而成的非承重墙,如图 2-1 所示,具有防潮、防火、隔声、取材方便、造价低等特点。传统砌块隔墙由于自重大、墙体厚、需现场湿作业、拆装不方便,在工程中已逐渐少用。

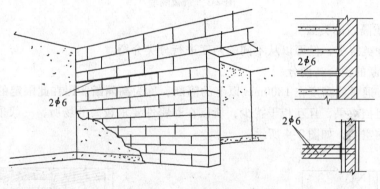

图 2-1 轻质砌体隔墙

2) 立筋隔墙

立筋隔墙主要是指骨架为结构外贴饰面板的隔墙。其骨架通常以木质或金属骨架为主,外加各种饰面板,如图 2-2 所示。这种隔墙施工比较方便,被广泛采用,但造价较高,如轻钢龙骨石膏板隔墙等。

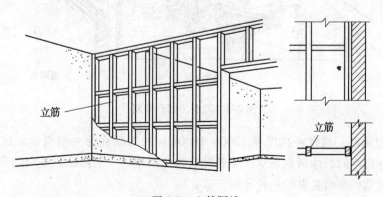

图 2-2 立筋隔墙

3）条板隔墙

指不用骨架,而用比较厚的、高度等于隔墙总高的板材拼装而成的隔墙,如图2-3所示。多以灰板条、石膏空心条板、加气混凝土墙板、石膏珍珠岩板等制作而成。具有取材方便、造价低等特点,但防潮、隔声性能较差。目前,各种轻型的条板隔墙在室内隔墙中应用比较多,如旧客房改造用条板隔墙加设卫生间等。

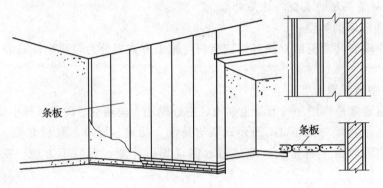

图2-3 条板隔墙

(2)轻质隔断的类型

隔断的种类很多,但可以从不同的角度进行分类介绍。

1)按隔断的围合高度分

高隔断:通常将高度在1800mm以上的隔断,称为高隔断。因在此限定的界面对视线形成较好的阻挡效果,且互相干扰少,所以在私密性要求较高的场所,一般采用高隔断来分划建筑室内空间,如图2-4所示。

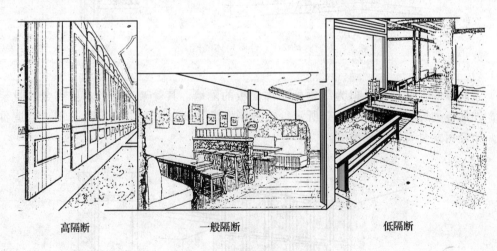

图2-4 隔断的围合高度

(a)一般隔断:通常将高度在1200~1800mm的隔断称为一般隔断。这种隔断广泛运用于现代办公空间、休闲娱乐空间等各种室内空间中。一般隔断以适宜的高度给人以分而不隔绝的感觉,是最常见的一种分隔方式。

(b)低隔断:通常将高度在1200mm以下的隔断称为低隔断。低隔断大多指花池、栏杆等，它产生的分隔感较弱，因此被隔断的空间通透性较强。

2）按隔断围合的严密程度分

透明隔断：指大面积采用透明材料的隔断，其特点是它既能分隔空间，又能使被分隔空间具有透光透视的通透感。透明隔断具有较好的现代艺术气息，它大多用于现代公共空间，如现代办公空间，既有开敞的感觉又便于管理。

半透明隔断：采用较少的透明材料，或直接采用半透明材料，如磨砂玻璃、压花玻璃等。这种隔断透视效果差，但具有良好的透光作用，故空间的视觉干扰较小。

镂空隔断：一种能让部分视线、光线透过的隔断。镂空隔断的自身，一般都具有美观的艺术形态，且构造相对复杂一些。它常使用于对隔声要求不高的空间分隔中。

封闭隔断：一种完全阻挡视线与光线通过的隔断，因而严密性能好，能形成独立安静、互不干扰的环境。因此，封闭隔断多用于私密性要求较高的室内分隔中，如卫生间、卧室等。

隔断围合的严密程度分隔如图2-5所示。

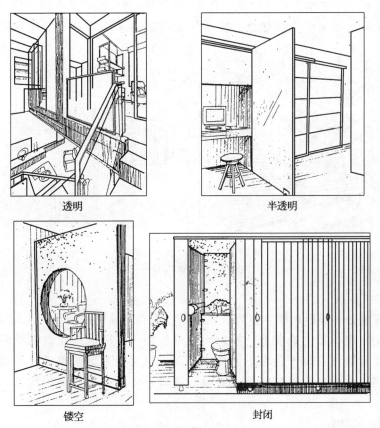

图2-5 隔断的围合严密程度

3）按隔断的固定方式分

固定式：固定在一个地方而不可随意移动的隔断为固定式隔断。多用于空间布局比较固定的场所。固定式的功能要求比较单一，构造也比较简单，类似普通隔墙，但它不受隔声、保温、防火等限制，因此它的选材、构造、外形就相对自由活泼一些。

活动式隔断：又称移动式隔断或灵活隔断。活动式隔断的特点为自重轻、设置较为方便灵活。但是为了适应其可移动的要求，它的构造一般比较复杂。活动式隔断从其移动的方式上看，又可以分为以下几种：

（a）拼装式隔断

拼装式隔断就是由若干个可装拆的壁板或门扇拼装而成的隔断，这类隔断的高度一般在1800mm以上，框架常采用木质材料，门扇可用木材、铝合金、塑料等制成，如图2-6所示。

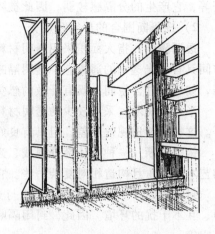

图2-6 拼装式隔断

（b）镶板式隔断

镶板式隔断是一种半固定式的活动隔断，可以到顶也可以不到顶，它是在地面上先设立框架，然后在框架中安装墙板，安装的墙板多为木质组合板或金属组合板，如图2-7所示。

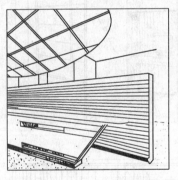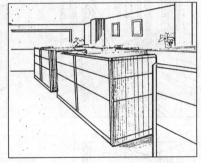

图2-7 镶板式隔断

（c）推拉式隔断

推拉式隔断是将隔扇用辊轮挂置在轨道上，沿轨道移动的隔断，如图2-8所示。因轨道可安装在顶棚、梁或地面上，但地面轨道易损坏，所以推拉式隔断多采用上悬式滑轨。上悬式滑轨可安装于顶棚下面或梁下面，也可以安装于顶棚内部或梁侧面。而且，后者的安装方法具有较好的美观效果。隔扇是一种类似门扇的构件，由框和芯板所组成。

（d）折叠式隔断

折叠式隔断是由若干个可以折叠的隔扇可以依靠滑轮在轨道上运动的隔断，如图2-9所示。隔扇有硬质和软质两种。硬质隔扇一般由木材、金属或塑料等材料制成。折叠式隔断中相邻两隔扇之间用铰链连接，每个隔扇上只需上下安装一个导向滑轮。折叠式隔断中的隔扇固定，一是使用顶棚底下的轨道通过滑轮悬吊隔扇，或是依靠地面的导轨支撑隔扇底下的滑轮。

图 2-8 推拉式隔断

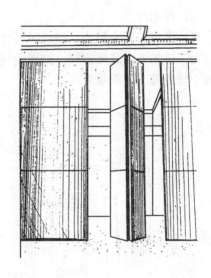
图 2-9 折叠式隔断

(e) 卷帘式隔断与幕帘式隔断

卷帘式隔断与幕帘式隔断一般称为软隔断。即用织物或软塑料薄膜制成无骨架、可折叠、可悬挂、可卷曲的隔断。这种隔断具有轻便灵活的特点，织物的多种色彩、花纹及剪裁形式使这种隔断的运用受到人们的喜爱。幕帘式隔断的做法类似于窗帘，需要轨道、轨道滑轮、吊杆、吊钩等配件，图 2-10 为几种滑轮。也有少数卷帘隔断和幕帘隔断采用塑料片、金属等硬质材料制成，采用管形轨道而不设滑轮，并将轨道托架直接固定在墙上，将吊钩的上端直接搭在轨道上滑动。

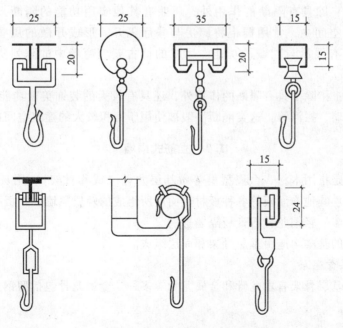
图 2-10 帷幕式隔断的各种滑轮

(f) 移动屏风

移动屏风的种类繁多，在我国具有悠久的历史，其造型多样、形式优美，是集功能与装饰为一体的室内装饰构件，如图2-11所示。从制作屏风的材料上来看，有木制、竹制、金属、丝绢等其他织物屏风。

图2-11 屏风

4）按隔断的功能类别分

实用性隔断：除具有隔断的作用外，还兼有其他实用功能的隔断，例如家具式隔断。在现代住宅空间中，常用橱柜将厨房与餐厅隔开，形成开敞的用餐环境，这里的橱柜既有隔断又有展示与贮藏的功能。厅中的博古架、商场中的陈列货架等，都是一种实用性的隔断。

装饰性隔断：指除了具有隔断的作用外，还具有较大的装饰美观功能的隔断。例如，花池、栏杆、玻璃、拦河等。这类隔断一般被使用于面积较大的建筑空间中。

1.2 立筋式隔墙

立筋式隔墙是指用木材、金属型材等做基层龙骨（或称骨架），用灰板条、钢丝网、石膏板、木夹板、其他饰面板等各种板材做面层所组成的轻质隔墙。如板条抹灰隔墙、木龙骨木饰面板隔墙、轻钢龙骨石膏板隔墙等。

立筋式隔墙的基本构造由基层骨架和面层组成。

1.2.1 基层骨架层

常用的隔墙基层骨架有木龙骨和金属龙骨等多种。金属龙骨包括型钢龙骨、轻钢龙骨和铝合金龙骨等。

（1）木龙骨

木龙骨的骨架由上槛、下槛、立筋、横筋、靠墙筋、斜撑等构成。木龙骨的上下槛和立筋断面尺寸视隔墙高度一般为 50mm×70mm 或 50mm×100mm。立筋间距具体尺寸应配合面层饰面板材料的规格来确定,一般为 500~600mm,横筋间距约为 1.2~1.5m,如图 2-12 所示。

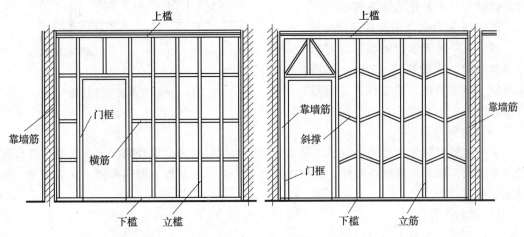

图 2-12　木龙骨骨架构造示意图

为了加强骨架的整体性,增设或把横撑改为斜撑。

基层木骨架与墙体、梁、柱及楼板等应牢固连接,下槛与楼地面之间可用水泥钉、钻孔木榫钢钉或膨胀螺栓固定,上槛与楼板之间可用钻孔木榫钢钉或膨胀螺栓固定,靠墙筋与墙体之间可用预埋木砖钢钉或膨胀螺栓固定,图 2-13 为相应的几种固定方法。

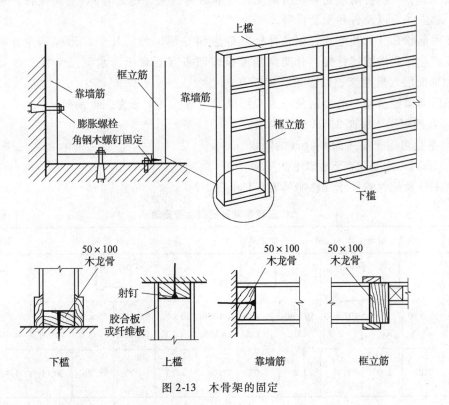

图 2-13　木骨架的固定

对于防水、防潮要求的隔墙，在木龙骨架的底部宜砌二至四皮普通黏土砖，或现浇100～250mm 高的混凝土土埂，如图2-14所示。同时，对木龙骨应做防腐处理。

图2-14 隔断底部的防水防潮构造。

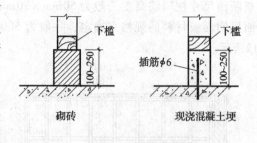

图2-14 隔断底部的防水防潮构造

对于有防火要求的隔墙，应对所有的木杆件均面刷防火涂料2～3遍。木质骨架制作方便、布置灵活、适应性大，但是耗用木料多，防火、防潮性差。

（2）金属骨架

采用金属型材为主要杆件组成的隔墙骨架结构层，叫做金属骨架。金属骨架具有自重轻、刚度大，防火与抗震性能好，适应性能强等特点，并且加工制作方便，安装简单，可以重复利用。

1）轻钢龙骨

（a）组成与特性

轻钢龙骨系以镀锌钢带或薄壁冷轧退火卷带为原料，经冷弯或冲压而成的轻隔墙骨架支承材料。适用于建筑物的轻质隔墙。

（b）品种

按材料分有：镀锌钢带龙骨、薄壁冷轧退火卷带龙骨。

按用途分有：有沿顶龙骨、沿地龙骨（有时称为天、地龙骨）、竖向龙骨、通贯横撑龙骨、加强龙骨以及各种配套件等。

按照形状来分：装配式轻钢龙骨分为C形和U形两种，其中C形轻钢龙骨用配套连接件互相连接组成墙体骨架。骨架两侧覆以饰面板（石膏板、水泥压型板、多层木夹板等）和饰面层（乳胶漆、贴面板、壁纸等）。

轻质隔墙经常使用的轻钢龙骨为C形隔墙龙骨，其中分为三个系列：

C_{50} 系列可用于层高3.5m 以下隔墙。

C_{75} 系列可用于层高3.5～6m 的隔墙。

C_{100} 系列可用于层高6m 以上的隔墙。

其主件及配件的尺寸及性能见表2-1和表2-2。

C 形轻钢龙骨截面及重量表　　　　表2-1

名称	沿顶、沿地龙骨			加强龙骨			竖向龙骨				横撑龙骨	
简图	⌐⌐	⌐⌐	⌐⌐	⊏	⊏	⊏	⊏	⊏	⊏	⊏	⊓	⊓
断面(mm)	52×40×0.8	76.5×40×0.8	102×40×0.8	50×40×1.5	75×40×1.5	100×40×1.5	50×50×0.8	75×50×0.5	75×50×0.8	100×50×0.8	20×12×1.2	38×12×1.2
重量(kg/m)	0.82	1.00	1.13	1.5	1.77	2.06	1.12	0.79	1.26	1.44	0.41	0.58

C形轻钢龙骨配件表 表2-2

名称	支撑卡			卡托		
	50系列	76系列	100系列	50系列	75系列	100系列
简图						
厚度（mm）	0.8			0.8		
重量（kg/件）	0.041	0.021	0.026	0.024	0.035	0.048
用途	竖向龙骨加强卡；竖向龙骨与通贯横撑连接件			竖向龙骨开口面与横撑连接		

名称	角托			横撑连接件			加固龙骨固定件		
	50系列	75系列	100系列	50系列	75系列	100系列	50系列	75系列	100系列
简图									
厚度（mm）	0.8			1			1.5		
重量（kg/件）	0.017	0.031	0.048	0.016	0.016	0.049	0.037	0.106	0.106
用途	竖向龙骨背面与横撑连接			通贯横撑连接			加强龙骨与主体结构连接		

（c）构造组成

一般是用沿地、沿顶龙骨与沿墙、沿柱龙骨（用竖龙骨）构成隔墙边框，中间立若干竖向龙骨，它是主要承重龙骨。有些类型的轻钢龙骨，还要加贯通横撑龙骨和加强龙骨。竖向龙骨间距根据饰面板宽度而定，一般在饰面板板边、板中各放置一根，间距不大于600mm。当墙面装修层材料质量较大时，如瓷砖，龙骨间距不大于420mm为宜；当隔墙高度增高时，龙骨间距亦应适当缩小。在竖向主龙骨上，每隔300mm左右应预留一个专用孔，以备安装各种管线使用。

轻钢龙骨结构示意如图2-15所示。

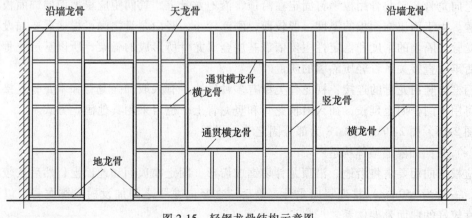

图2-15 轻钢龙骨结构示意图

轻质隔墙在施工中有高度限制,它是根据轻钢龙骨的断面、刚度和龙骨间距、墙体厚度、石膏板等饰面板层数而定。见表2-3、表2-4。

单排龙骨双层石膏板隔墙限高表　　　　　表2-3

项目		竖龙骨规格(mm)	石膏板厚度(mm)	隔墙最大高度(m)		备注
				A	B	
墙体厚度(mm)	100	50×50×0.63	2×12	3.00	2.75	A:适用于住宅、旅馆、办公室、病房及这些建筑物的走廊
	125	70×50×0.63	2×12	4.00	3.75	
	150	100×50×0.63	2×12	4.50	4.50	B:适用于会议室、教室、展览厅、商店等
	200	150×50×0.63	2×12	5.50	5.50	

注:表中所列数字是指竖向龙骨厚度为0.63mm,排列间距为600mm时的限制高度,当龙骨厚度增加或排列间距缩小时,隔墙高度可增加。

单排龙骨单层石膏板隔墙限高表　　　　　表2-4

项目		竖龙骨规格(mm)	石膏板厚度(mm)	隔墙最大高度(m)		备注
				A	B	
墙体厚度(mm)	100	50×50×0.63	2×12	3.75	2.75	A:适用于住宅、旅馆、办公室、病房及这些建筑物的走廊
	125	70×50×0.63	2×12	4.25	3.75	
	150	100×50×0.63	2×12	5.00	4.50	B:适用于会议室、教室、展览厅、商店等
	200	150×50×0.63	2×12	6.00	5.50	

注:表中所列数字是指竖向龙骨厚度为0.63mm,排列间距为600mm时的限制高度,当龙骨厚度增加或排列间距缩小时,隔墙高度可增加。

(d)不同部位的固定方式

边框龙骨:边框龙骨(包括沿地龙骨、沿顶龙骨和沿墙、柱龙骨)和主体结构的固定。构造做法一般有三种:一种做法是在楼地面施工时上、下设置预埋件,以备焊接;第二种做法是采用射钉或金属膨胀螺栓来固定;第三种是在地面、墙面打眼,塞入经过防腐处理的木楔子,用钉子固定。

竖向龙骨:竖龙骨用拉铆钉固定在沿顶、沿地龙骨上,其间距应根据面层饰面板的规格设置。由于面层饰面板的厚度一般较薄,刚度较小,竖向龙骨之间可根据需要加设横撑或次龙骨。隔墙的刚度和稳定性主要依靠基层金属龙骨所形成的骨架,所以基层龙骨的安装是否牢固直接关系着轻质隔墙的质量。

门框与竖向龙骨的连接:视龙骨类型有多种做法,有采取加强龙骨和木龙骨连接的方法,可用木门框向上延长,插入沿顶龙骨和竖向龙骨上。也可采用其他固定方式。

图2-16、图2-17、图2-18为部分固定节点详图。

(e)圆曲面隔墙墙体构造

应根据曲面要求将沿地、沿顶龙骨切锯成齿形,固定在顶面和地面上,然后按较小的间距(一般为150mm)排列竖向龙骨。最后,在竖向龙骨之间加设横向撑龙骨,以形成整体性较好的曲面骨架体系。

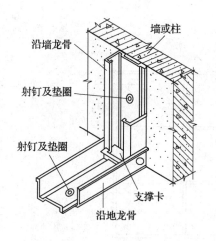
图 2-16 地龙骨、墙龙骨固定

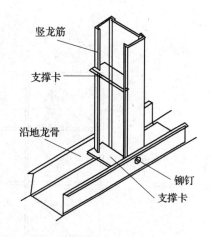
图 2-17 竖向龙筋与地龙骨固定

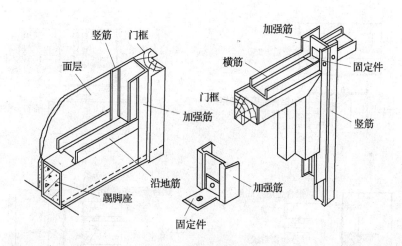
图 2-18 木门框处构造

2）铝合金龙骨

轻质隔墙所采用的铝合金龙骨主要用铝合金方管等型材作为骨架，它可以和玻璃组合成铝合金玻璃隔断，也可在上面贴金属饰面板（如铝塑板）。铝合金表面采用阳极氧化、电泳涂漆、粉末喷涂等，铝合金应符合国标《铝合金建筑型材》GB/75237 规定的质量要求。图 2-19 所示为铝合金骨架玻璃隔断。

铝合金骨架的固定方式：

边框龙骨：边框龙骨和主体结构的固定。构造做法一般有三种：一种做法是在楼地面施工时设置预埋件，以备和连接钢件焊接；第二种做法是采用射钉或金属膨胀螺栓来固定；第三种是在地面、墙面打眼，塞入经过防腐处理的木楔子，用钉子固定。

龙骨之间连接：竖龙骨和横龙骨通过连接角铝连接，用拉铆钉或自攻螺钉固定，其间距应根据设计规格和面层饰面板的规格设置，如图 2-20 所示。

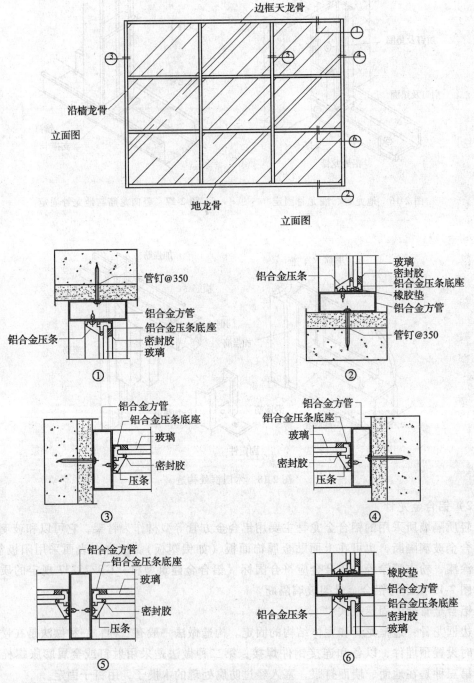

图 2-19 铝合金玻璃隔断构造图

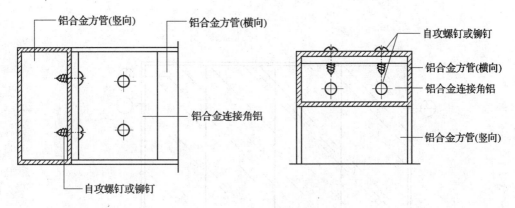

图 2-20 竖向龙骨和横向龙骨连接图

3) 型钢骨架

有些轻质隔墙,考虑到高度、厚度,采用型钢作为骨架,常采用的型钢有:角钢、槽钢等,如全玻璃隔断,四周用钢骨架玻璃底座,构造做法如图 2-21 所示。

在不同材料的立筋骨架层上,可以采用不同的面层饰面材料,进行不同的饰面材料装修处理,获得各具特色的装饰效果。

1.2.2 饰面层

轻质隔墙的饰面层一般有单层式、复合式、嵌入式三种构造做法,如图 2-22 所示。

嵌入式是指在立筋镶嵌饰面板材或花饰件。单层式是指在立筋的单侧或两侧直接铺设一层装饰面材,或是进行涂刷与裱糊装饰。复合式是指在立筋骨架的一侧或两侧,先铺设板材作为饰面装饰的基层,再在基层上铺设其他装饰面料。

隔断的饰面材料品种很多,主要有以下几类。

(1) 木质饰面板

立筋式隔墙的饰面可采用各种加筋抹灰和各种饰面板。其中,木质饰面板用作面层饰面板的比较多,如胶合板、刨花板、纤维板、木夹板等作底层,面贴装饰木夹板、壁纸或面饰乳胶漆。装饰木夹板常用规格 1220mm×2440mm×3mm,品种有红榉、白榉、樱桃木、胡桃木、斑马木等三夹板,其特点是花纹自然好看、自重轻、壁薄、拆装方便,强度高,抗震性能好,适应性能强、施工方便。但防火、防潮、隔声性能差,并且耗用木材较多。

胶合板饰面的固定方法:

用钉子固定时,胶合板钉距为 80~150mm,钉长为 25~35mm,用排钉固定,钉眼用油性腻子抚平,这样才可防止板面空鼓翘曲,钉帽不致生锈。

用木压条固定胶合板时,钉距不应大于 200mm,用排钉固定,所选用的木压条应干燥无裂纹,打扁钉帽并顺木纹打入,以防开裂,如图 2-23 所示。

饰面木夹板的固定方法:主要是采用胶粘剂粘贴的方法。

(2) 塑料饰面板

立筋式隔墙的饰面也可采用塑料饰面板。例如,塑料镜面板、塑料彩绘板等,其中多以 PVC 塑料扣板为主。其特点是自重轻、花色品种多、适应性能强、施工方便,但防火性能、刚度较差。主要采用螺钉固定法或胶粘法,如图 2-24 所示。

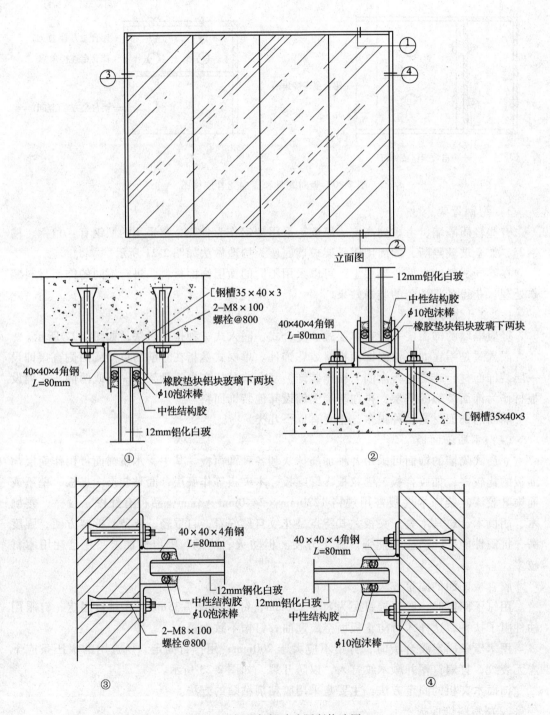

图 2-21 钢骨架框玻璃隔断构造图

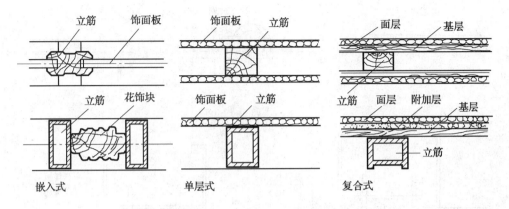

图 2-22 饰面层的构造类别

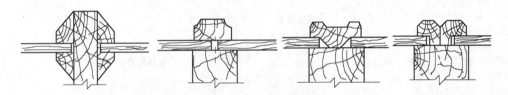

图 2-23 木压条固定

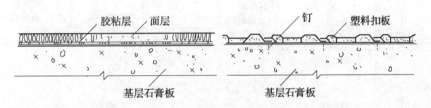

图 2-24 塑料饰面板的固定

(3) 人造面板

立筋式隔墙的饰面板大多采用人造饰面板。常用的轻质隔墙人造饰面板有矿棉板、铝塑板、石膏板、石棉水泥板等,采用螺钉固定法或胶粘法。人造饰面板有质轻、高强、防火、隔声、收缩率小、加工性能好、施工方便等特点。目前,应用最多的是纸面石膏板。纸面石膏板接缝详图如图 2-25(b)所示。

(4) 金属面板

金属薄板作为立筋式隔墙的饰面板相对来说比较少,但也有。其饰面板的材料主要是铝合金压型薄板、钛金板、拉丝不锈钢薄板、铝塑板等。其特点是质轻、高强、防火、隔声、外表华丽等。但其加工比较麻烦,价格较贵。

铝合金金属板品种较多,表面有经阳极氧化处理、喷涂处理或烤漆处理,有吸声板、压花板、平板等,形状有条板、方板。这种板的固定方式以嵌入式较多,和专用龙骨配套钛金板、拉丝不锈钢板则采用卡、粘贴相接合的方式。铝塑板采用粘贴方式固定,也可采用钉接固定的方法。

金属饰面板的接缝固定如图 2-25(a)所示。

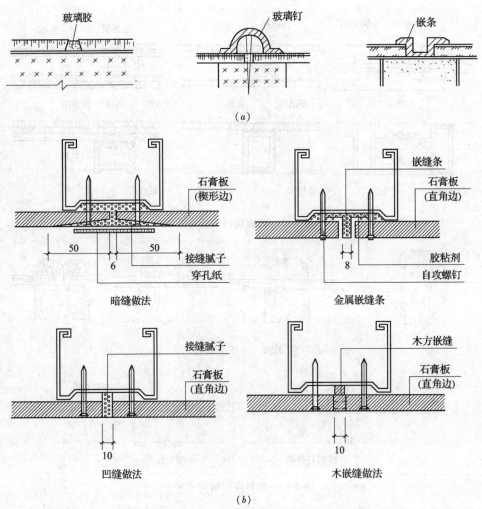

图 2-25 饰面板的接缝
（a）金属饰面板的接缝固定；（b）纸面石膏板的接缝详图

（5）软外包饰面

轻质隔墙的饰面层以软包饰面材料为主的例子很多。软外包饰面材料多以各种人造革、织锦绸缎、棉麻织物、中高级墙布等。大多适用于防止碰撞的房间及声学要求较高的房间。如高级客房、卡拉 OK 包间等。消声性能好，高贵华丽。具有柔软、温暖的感觉。但防火性能差、易污染、不易施工，如图 2-26 所示。

（6）玻璃、镜面饰面

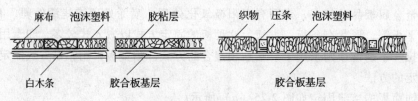

图 2-26 软外包饰面构造

轻质隔墙的饰面层多以玻璃或镜面制成，其特点是可以提供自然采光，兼隔热、隔声和光影装饰作用。其透光和散光现象所造成的视觉效果，极富装饰性。玻璃或镜面有时以玻璃砖的形式出现在墙面上，易于加工，施工较方便。玻璃板材的固定方法有嵌条、嵌钉、粘贴、螺钉固定等方法，如图 2-27 所示。

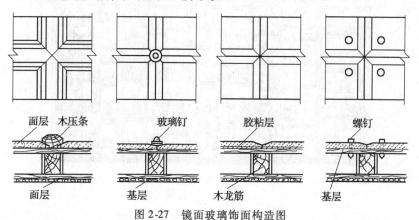

图 2-27　镜面玻璃饰面构造图

一般的玻璃板多用压条固定。骨架可以是木骨架、铝合金骨架、钢骨架。图 2-28 所示为木龙骨架玻璃隔断构造图。

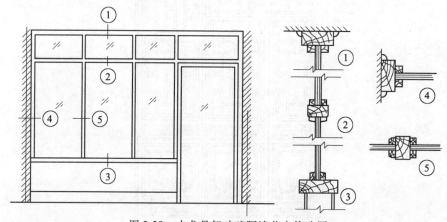

图 2-28　木龙骨架玻璃隔墙节点构造图

（7）透空设置

传统建筑隔断的类型之一就是透空设置。如博古架就是一种既有使用价值又有装饰价值的空间分割物，如图 2-29 所示。其使用价值表现在它能陈放各种古玩和器皿，其装饰价值来源于它的分隔形式和做工的精巧。博古架常以硬木制作，多用于客厅、书房的空间分隔。透空设置除博古架外，还有罩、扇等。罩分落地罩和飞罩，多以实木制成，如图 2-30、图 2-31 所示。

1.3　条板式隔墙

条板式隔墙有时称为板式隔墙。

条板式隔墙系采用各种轻质材料制成的预制薄型板材安装而成的隔墙。常见的板材有加气混凝土条板、石膏条板、泰柏板等。这些条板自重轻、安装方便。

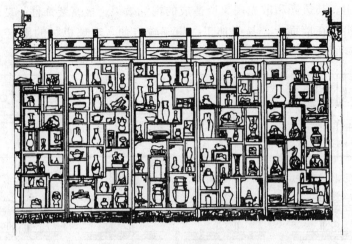

图 2-29 博古架

图 2-30 隔扇

图 2-31 罩

普通条板的安装、固定主要靠各种粘结砂浆或胶粘剂进行粘结，待安装完毕，再在表面进行装修，如图2-32所示。

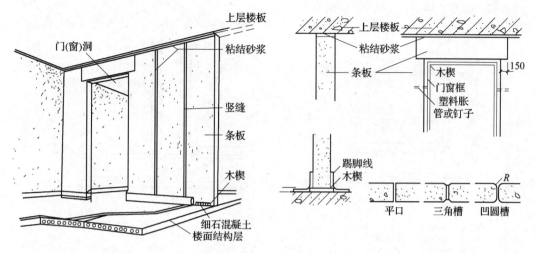

图2-32 条板隔墙

1.3.1 泰柏板隔墙

泰柏板（又名三维板）是由φ2低碳冷拔镀锌钢丝焊接成三维空间网笼，中间填充50mm厚的阻燃聚苯乙烯泡沫塑料构成的轻质板材，然后在现场安装并双面抹灰或喷涂水泥砂浆而组成的复合墙体，如图2-33所示。

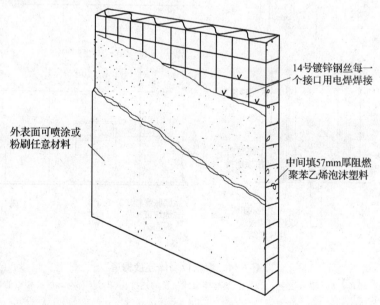

图2-33 泰柏板隔墙

泰柏板约厚75~76mm、宽1200~1400mm、长2400~4000mm。它自重轻（3.9kg/m²，抹灰后重84kg/m²）、强度高（轴向抗压允许荷载≥73kN/m、横向抗折允许荷载≥2.0kN/m²）、保温、隔热性能好〔传热系数＜1.5W/（m²·K）〕，具有一定的隔声能力（隔声指数为40dB）和防火性能（耐火极限为1.22h），故广泛用作工业与民用建筑的内、外墙、轻型屋面以及小开间建筑的楼板等。同时，在高层建筑及旧房的加层改造中，亦是可用的墙体材料。

泰柏板墙体与楼、地坪的固结如图 2-34（c）、（d）所示，墙体转角及"T"形连接处的构造如图 2-34（a）、（b）所示。

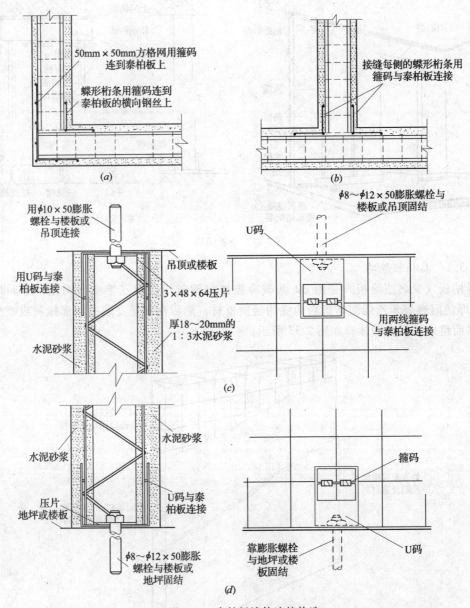

图 2-34　泰柏板墙体连接构造

（a）转角；（b）T字交接；（c）上部与楼板或吊顶的连接；（d）下部与地坪或楼板的连接

1.3.2　石膏空心板隔墙

石膏空心板是以天然石或化学石膏为主要原料加入纤维材料（如玻璃纤维、稻壳、木屑等）制成。其制作简便、防火、隔声、不被虫蛀、收缩性小，有可加工性。板厚一般为 90mm，如图 2-35 所示。

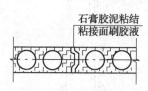
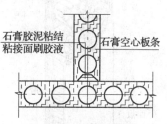
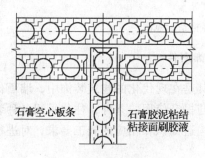
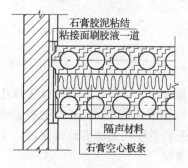
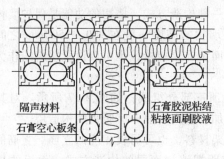
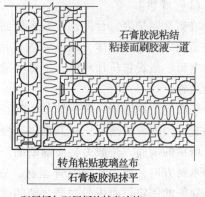

图 2-35　石膏空心板隔墙

1.3.3 纸蜂窝板隔墙

纸蜂窝板隔墙，如图 2-36 所示。纸蜂窝板的规格有 300mm×1200mm×50mm 及 2000mm×120mm×43mm。安装时两块板间可用木、塑料压条或金属嵌条进行拼接。纸蜂窝板是用浸渍纸以树脂粘贴成纸芯，再张拉、浸渍酚醛树脂，经烘干固化等工序制成。要求尺寸准确、表面平整，没有翘曲及歪斜现象。对墙的表面，一般需刮腻子、修平后再喷（或涂刷）色浆或裱糊墙纸等。

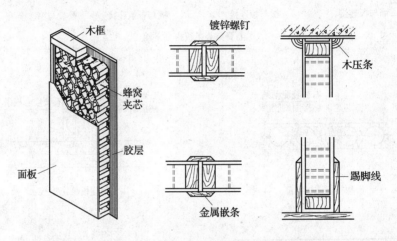

图 2-36 纸蜂窝板隔墙构造示意图

1.4 隔墙的装饰附件

墙面上的装饰饰件和附属设置件比较多，尤其是在现代化的建筑装饰中，墙面作为重要的装饰界面，为了取得较好的视觉效果，改进与提升使用的条件，往往采用各种装饰措施，设置各种不同的墙面装饰附件，了解它们的构造知识和相应的施工要求，对进行墙面装饰很重要。

1.4.1 墙裙、踢脚线

（1）墙裙

墙裙又叫护墙、台度，是室内墙面下部的一种构造方式。墙裙的功能是保护墙体，增强被撞能力，美化墙体，改善室内使用条件。墙裙的高度一般在 900～1500mm 之间。墙裙的上口一般设置压顶杆件，下部一般与楼地面装饰层相接，也可以设置踢脚线作为过渡构造措施。

轻质隔墙的墙裙一般由墙筋、墙面板、压顶三部分组成，如图 2-37 所示。对其有防潮要求，则加设防潮层；对其有隔声要求，则加设相应的隔声、吸声的构造层。

墙裙的墙筋，一般为轻质隔断的原立筋骨架材料，也可另设相应的立筋。立筋的材料可为木材方料，或为轻钢龙骨型材。立筋的间距视墙裙面层的构造方式或面板的规格而定。立筋的固定、面板与立筋之间的固定，均与一般的轻质隔墙相似。

墙裙的木质面板，一般采用胶合板、饰面胶合板、实木板，可以直接固定于立筋上。为了通风透气，应在面板的上下端设置通风孔道。在铺设木质面板时，应注意木纹的走势与形状、色泽的统一，并使垂直设置板材的木纹根部朝下、梢部朝上。

墙裙的金属面板、塑料面板、吸声面板等，一般铺设在基层石膏板或胶合板上。图2-38为墙裙的几种构造做法。

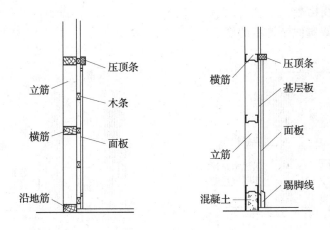

图 2-37　墙裙的构造组成

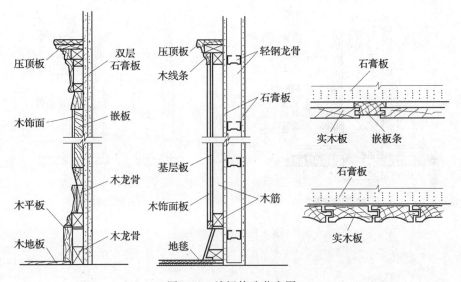

图 2-38　墙裙构造节点图

墙裙的顶压条板多采用硬木材料制成，并刨削出装饰线脚，以增强装饰效果。压顶条板可用整块木料制成，也可以采用几条木线条拼贴而成，达到丰富线脚形态的目的。

（2）踢脚线

踢脚线又叫踢脚板，是楼地面在墙下部的延伸部件，具有保护墙体被撞与防止清洗楼地面被污染及美化室内空间的作用。

踢脚线的高度一般为80～180mm，习惯上踢脚线的用料与楼地面面层装饰用料相一致。例如，混凝土地面采用水泥砂浆抹灰的踢脚线，木楼地面则采用木质踢脚线。实木踢脚板的背面应开槽，以减弱板的变形压力。

踢脚线应该与墙面固定，不应与楼地面层固定，以防止由于楼地面层随温度变化而出现胀缩变形造成踢脚线脱落。

踢脚线的面，一般比墙面突出了 3~5mm；当为墙裙的踢脚线时，可以凹入墙面内。当墙面材料的硬度足够大时，可与墙面面层齐平。

图 2-39 为踢脚线构造。

图 2-40 为木质踢脚线装饰板的线形。

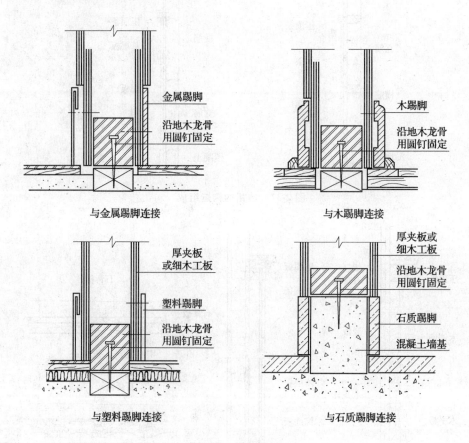

图 2-39 踢脚线构造

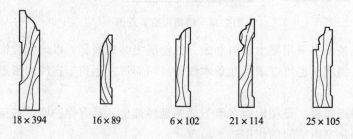

图 2-40 木质踢脚线装饰板线形

1.4.2 墙面线

墙面线一般指画镜线及顶棚之下墙面上的装饰线。

墙面画镜线又叫挂镜线，用以悬挂照片图画等物。画镜线的设置高度一般为 1800~2400mm。

画镜线一般带有线脚的条纹，用木质、塑料、有色金属等材料制成。断面的上口应有一斜口，以便安置镜框的吊钩，下面应平直，以便与墙面紧贴接合。画镜线与墙面的接合可以使用钉、螺钉、胶接等方式。图 2-41 为画镜线的结构断面形式。图 2-42 为画框、镜框装饰木线条，经刨削可改制成画镜线杆件。

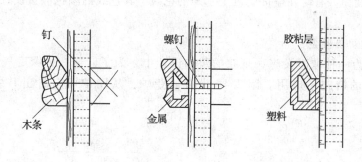

图 2-41　画镜线的几种结构断面形式

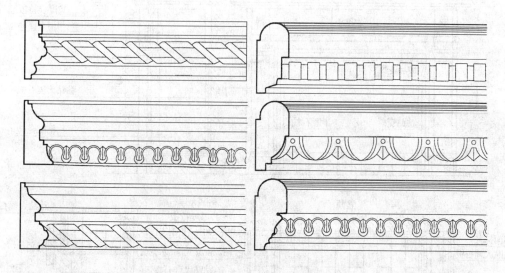

图 2-42　画框、镜框装饰木线条

画镜线在墙面上呈水平状态，在同一房间中各墙面均应设置，故成闭合状态，以形成协调一致的气氛。

顶棚与墙面之间的线脚装饰叫做顶棚线，用于墙面与吊顶两构件之间封口，如图2-43所示。

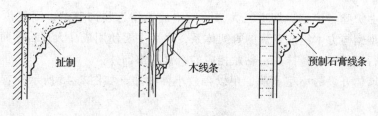

图 2-43　顶棚线构造

顶棚线有现场扯制和拼贴两种方法。现场扯制是指使用线脚模具进行抹灰操作而成的，所用材料为砂浆与石膏浆。拼贴是指使用各种预制的线脚采用铺贴与钉设的方式固定在设计位置上。这种方法常用于轻质隔墙上。顶棚线安装应呈水平状态，交角应整齐。

为了美化墙面，有时在墙面上画上水平的色线，其色线的颜色应按设计要求配制，线的边缘应光滑。

1.4.3 壁炉与壁龛

壁炉应该为一种取暖设施，现在的装饰设计中，为了营造一种家庭气氛，把它作为一个装饰饰件的措施来应用。图 2-44 为石质壁炉。从图中可以看出其装饰性能非常显著。

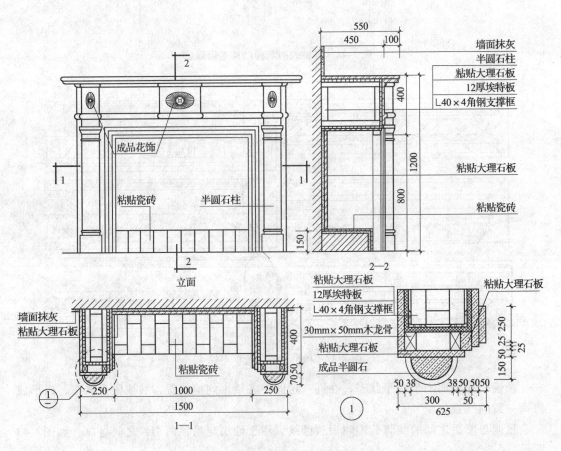

图 2-44 石质壁炉

壁炉应该由炉膛、炉柜、烟道三大部分所组成。作为装饰壁炉，则仅仿制其外形而异。所以，以型钢与方木组成壁炉的骨架体系，之后主要使用成品大理石贴面即可。也可以在骨架上进行钢丝网石膏抹灰、粘贴相应的石膏花饰饰件。

壁龛是在墙体开设的小型孔洞，用以存放小件物品，如图 2-45 所示，有部分入墙及部分挑出两种。

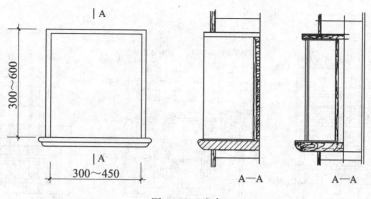

图 2-45 壁龛

壁龛一般离地 1500～2400mm，洞口面的上部和左右有封边处理，底部为挑出搁板。壁龛有时设门，门常用玻璃制成，以扯拉的方式设置。

为增加房间的空间感，有时在墙上设置假窗。假窗如图 2-46 所示，是由窗框窗扇、背景画面两部分组成，有时为了增强虚拟室外效果，还设置了相应的射灯等设备。

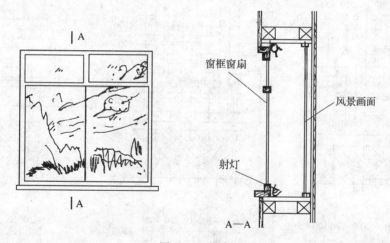

图 2-46 假窗

假窗的框与扇宜用断面较小的型材制成，上置薄片有机玻璃。背景画面宜采用透视感比较强烈的风景照片，能够取得视野开阔的良好效果。

1.4.4 壁柱与转角

壁柱的装饰基本有两种：一种是在原有的结构壁柱上进行装饰处理，另一种是为了设计的要求，设置假壁柱进行装饰处理。

壁柱具有柱的一些特性，往往反映在材料、外观形态等方面，体现出不同民族、不同时间、不同地区的差异，图 2-47 为中式柱础的几种类别，图 2-48 为西方古典的柱式。图 2-49 为方形壁柱的柱式及剖面，图 2-50 为圆形壁柱的柱式及构造。

轻型装饰壁柱的骨架一般使用木衬或小断面的金属型材制成，然后在外面铺设相应的饰面材料，之后进行仿真的涂料处理。当使用不锈钢板材、涂塑饰面板等面材时，一般使用粘结法固定在柱面基层板上，其构造处理方法类似墙面的复合层做法。

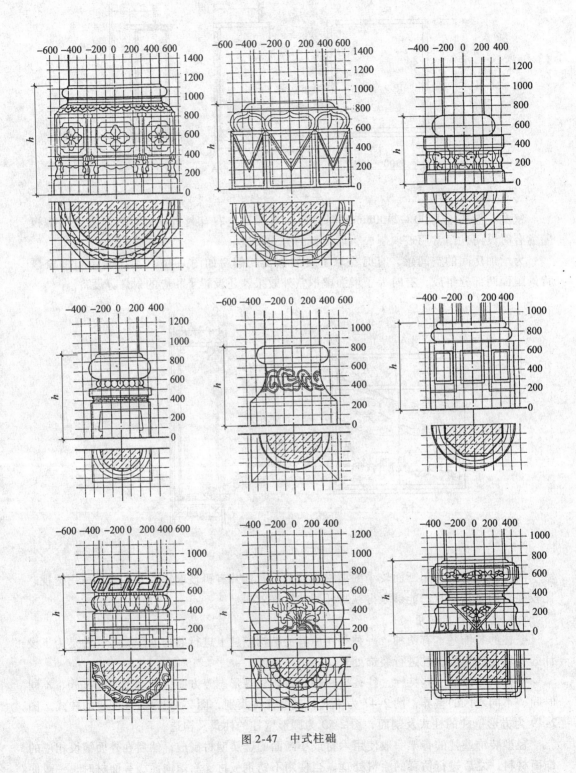

图 2-47 中式柱础

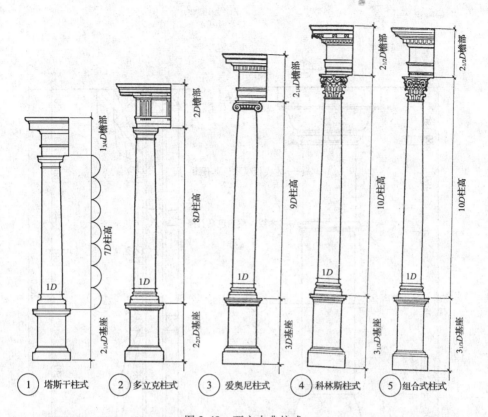

图 2-48 西方古典柱式

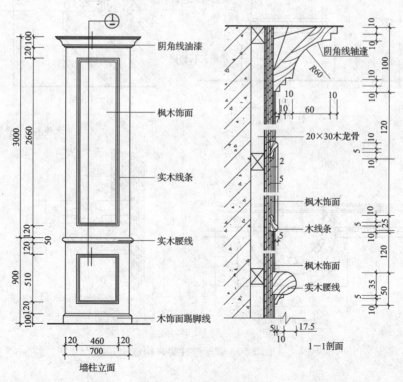

图 2-49 方形壁柱装饰图

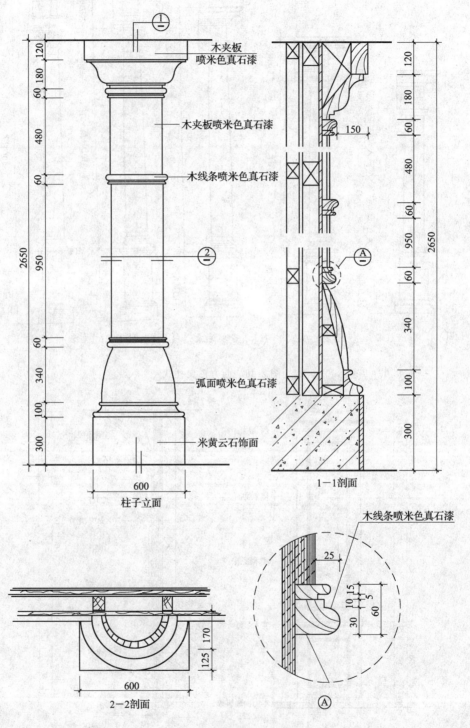

图 2-50 圆形壁柱装饰构造

隔墙在平面布置中往往会出现转角拐弯的现象，如图2-51所示。

墙体转角处一般增设立筋。立筋之间可以直接固定，或是加设木条作为连接中间杆件。

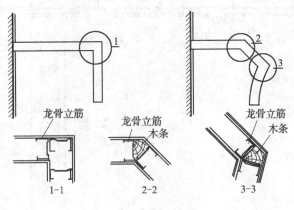

图 2-51　隔墙转角构造

课题2　施工准备与工后处理

2.1　施　工　准　备

施工准备包括技术准备、材料准备、机具准备等。

2.1.1　技术准备

（1）图纸阅读

反映墙面装饰装修的图面类形一般为楼地面平面图、立面图、立面展开图、墙身剖面图、节点大样图、标准图、设计或施工说明。

楼地面平面图反映出墙身的平面位置和平面尺寸，并标明了各墙面的立面图视向或朝向，如图2-52所示。

隔墙立面图反映出墙身的立面尺寸和墙面上的布置情况，墙立面图的图名以所在的轴线编号或所属的朝向编号确定，立面图主要标明墙面立面的装饰设计要求，图2-53为反映墙面立面布置的立面图。立面图有时也标明墙体中各种立筋、横筋、沿地（顶、墙）筋的布置情况及相应的型材规格。

反映墙面面层布置的立面图，称为立面建筑图，反映墙体结构体系的立面图叫做墙体结构图。把若干个相邻立面图连接在一起的图叫做立面展开图。立面展开图能更清楚地表达各个立面的共性和特点。

墙身垂直剖面图反映了墙体的结构骨干层与装饰面层的组成情况，各杆件的垂直设置位置要求等内容。图2-54为两片墙体的剖面，从中可以了解各自的组成情况和相应的墙所表达的装饰内容。

隔墙节点大样图，反映了墙自身、墙与墙之间、墙与楼地结构的构造设计要求。墙体节点大样图各图名出处都可以在相应的平面图、立面图、剖面图中查得。图2-55为一般的节点构造做法，仅供参考。

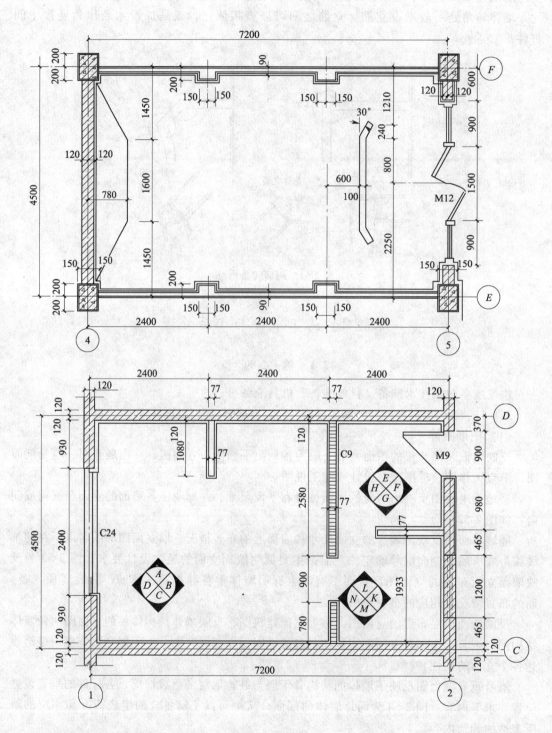

图 2-52 平面图

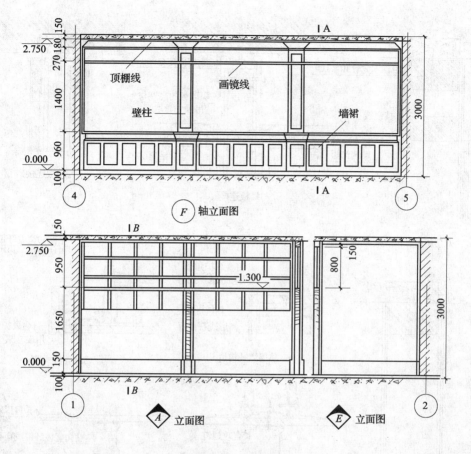

图 2-53 立面图

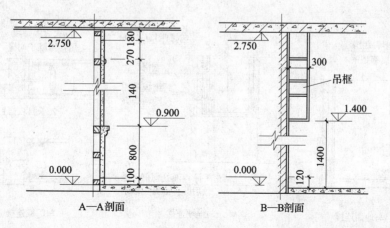

图 2-54 剖面图

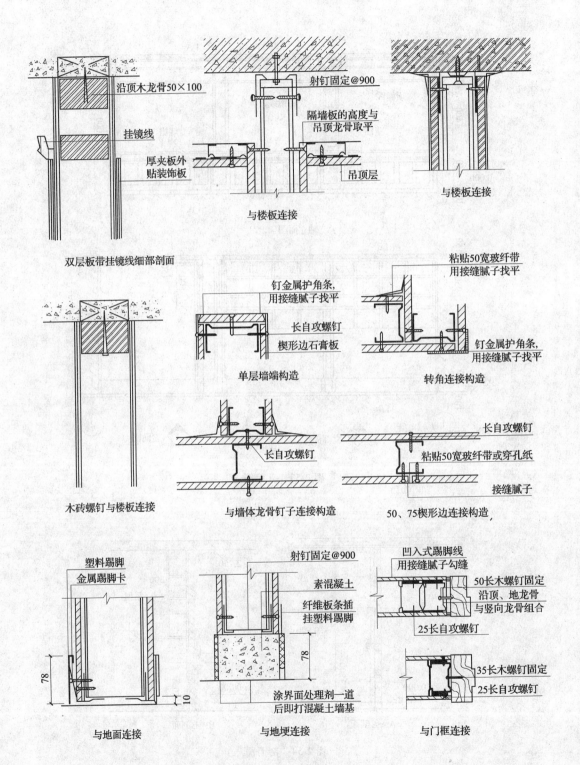

图 2-55 节点详图

隔墙的标准图，是由设计单位等有关部门所编制的标准做法，以便于在建筑隔墙的设计与施工中进行套用。设计或施工说明，是对隔墙的结构、构造、施工的用料、工艺等方面无法用图形表示的内容的文字表述。

翻样图一般是指施工单位技术部门绘制的专业工种施工图，用以指导专业工种的具体工艺施工。

通过阅读有关的图纸，掌握相应的资料，做到心中有数，充分做好图纸等资料的准备、收集及复核工作。

所有装饰装修工程在施工之前，现场的施工技术人员应组织操作工人检查图纸资料是否齐全并带领操作工人认真阅读施工图纸，了解设计意图，做好施工前的放样准备工作。

（2）技术交底

装饰装修工程的技术交底包含两个方面的内容：一方面是指设计人员向现场施工的技术人员交底，让技术人员充分了解该工程的设计意图，以便更确切地反映出设计人员的想法和意图；另一方面是指施工现场的技术人员向操作工人进行技术交底，向工人交待施工时的注意事项，施工的先后顺序及施工的难点等，以便更好地实施设计图纸上的内容。

2.1.2 材料、机具的选择与准备

在施工准备的过程中对材料、施工机具的选择很重要。

（1）材料的选择与准备

1）材料的选择应符合设计要求。

2）轻质隔墙所用罩面板应表面平整、边缘整齐，不应有污垢、裂纹、缺角、翘曲、起皮、色差、图案不完整的缺陷。胶合板、木质纤维板不应有脱胶、变色和腐朽等缺陷。

3）龙骨和罩面板材料的材质均应符合现行国家标准和行业标准的规定。

4）罩面板的安装宜使用镀锌的螺钉、钉子。接触砖石、混凝土的木龙骨和预埋的木砖应做防腐处理。所有木制作都应做好防火处理。

5）对人造板甲醛的含量要求见表2-5。

人造板及其制品中甲醛释放试验方法及限量值表　　　　表2-5

产品名称	实验方法	限量值	适用范围	用量标志
中密度板、高密度板、刨花板、定向刨花板等	穿孔萃取法	≤9mg/100g	可直接用于室内	E_1
		≤9mg/100g	必须饰面处理后允许用于室内	E_2
胶合板、装饰单板贴面胶合板、细木工板等	干燥器法	≤9mg/100g	可直接用于室内	E_1
		≤9mg/100g	必须饰面处理后允许用于室内	E_2
饰面人造板（包括浸渍纸层压木质地板、实木复合地板、竹地板、浸渍胶膜饰面人造板等）	气候箱法	≤0.12mg/m³	可直接用于室内	E_1
	干燥器法	≤1.5mg/L		

注：1. 仲裁时采用气候箱法。
　　2. E_1为可直接用于室内的人造板，E_2为必须饰面处理后允许用于室内的人造板。

(2) 主要机具的选择与准备

隔墙工程涉及到的主要是轻型施工机具，按用途分为钻孔机具、切割机具、钉固机具等。

钻孔机具主要包括微型电钻、电动冲击钻、电锤等。

切割机具包括电动剪刀、电动曲线锯、型材切割机、手提式电锯等。

钉固机具包括射钉枪，电动、气动打钉枪，手动拉铆枪，风动拉铆枪等。

主要机具选择要根据隔断用材料和施工方法选择。如轻钢龙骨纸面石膏板隔墙主要机具选择见表2-6。

主要机具一览表　　　　　　　　　　表2-6

序号	机械、设备名称	规格型号	定额功率或容量	数量	性能	工种	备注
1	电圆锯	5008B	1.4kW	1	良好	木工	按8~10人/班组计算
2	角磨机	95231\B	0.54kW	1	良好	木工	按8~10人/班组计算
3	电锤	TE-15	0.65kW	2	良好	木工	按8~10人/班组计算
4	手电钻	JIZ—ZD—10A	0.43kW	5	良好	木工	按8~10人/班组计算
5	电焊机	BX6—120	0.28kW	1	良好	木工	按8~10人/班组计算
6	切割机	JIG—SDG-350	1.25kW	1	良好	木工	按8~10人/班组计算
7	拉铆枪			2	良好		按8~10人/班组计算
8	铝合金靠尺	2m		3	良好		按8~10人/班组计算
9	水平尺	600m		4	良好		按8~10人/班组计算
10	扳手	活动扳手或六角扳手			良好		按8~10人/班组计算
11	卷尺	5m		8	良好		按8~10人/班组计算
12	线坠	0.5kg		1	良好		按8~10人/班组计算
13	托线板	2mm		2	良好		按8~10人/班组计算
14	胶钳			3	良好	木工	按8~10人/班组计算

2.1.3　安全设施与安全操作准备

(1) 机电设备方面

1) 木工机械安置必须稳固，机械的转动和危险部位必须安装防护罩，机械使用前应严格检查，刀盘的螺钉必须旋紧，以防刀片飞出伤人。

2) 加强机械的管理工作，由专人负责，机械用完后应切断电源，并将电源箱关门上锁。

3) 机械运转中，如遇不正常声音或发生其他故障时，应切断电源，加以检查修理。

4) 凡是移动设备和手动工具、电闸箱应有安装可靠的漏电保护装置。

5) 使用电钻时应戴胶手套，不用时应及时切断电源。

(2) 脚手架方面

1) 工作前先检查脚手架及脚手板是否牢固安全，确认合格后，方可上人进行操作。

2) 使用高凳、靠梯时，下脚应绑麻布或垫胶皮，并加拉绳防滑。挑板不得搭在最高一档，板两端搭接长度不少于20cm，板上不得站两人同时操作。

(3) 防火安全方面

1) 工作地点的刨花、碎木料应及时清理，并集中放在安全地方。

2) 施工现场严禁吸烟和使用明火，并有可靠的消防设施。

(4) 安全纪律方面

1) 机械操作人员工作时要扎紧袖口，理好衣角，扣好衣扣，但不许戴手套。女同志必须戴工作帽，长发不得外露。

2) 施工操作必须按操作规程进行，严禁违反操作规程。

3) 操作现场，应随时将废料清理集中，严防钉子伤人。

4) 施工员（或工长）应结合工程具体情况，向操作人员作安全交底，并进行经常性的安全教育。

2.1.4 施工工艺及技术措施

为了保证装饰装修工程施工工艺与方法的正确性，在施工过程中必须采取一定的技术措施。下面以经常使用的三种隔墙为例分别加以说明：

(1) 轻钢龙骨纸面石膏板隔墙

1) 安装顺序

墙位放线→墙基（导墙）施工→安装沿地、沿顶、沿墙龙骨→安装竖龙骨（主龙骨）→横撑（次龙骨）→水暖、电气孔位钻孔、下管穿线→填充隔声、保温材料（矿棉或泡沫塑料）→安装门框、窗框→接缝及护角处理→安装水暖、电气设备预埋件、连接固定件→安装石膏板→安装踢脚板、顶棚角线→饰面（涂料、壁纸、织物面料等）施工。

2) 施工骨架安装

（a）放线

按图纸要求弹出隔断墙与墙面相连的垂直线在地面和顶棚上的水平位置线。

（b）固定轻钢龙骨

轻钢龙骨主龙骨必须上与楼板底面、下与地面直接固定。主龙骨下部可直接固定在楼板上，或固定在现浇混凝土基座上如图 2-56 所示。

轻钢龙骨与墙的连接，如图 2-57 所示。

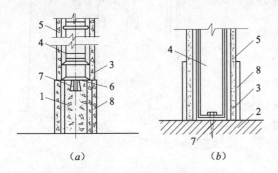 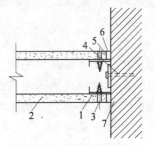

图 2-56 轻钢龙骨隔墙下部构造图　　　　　图 2-57 轻钢龙骨隔墙与砖
（a）现浇素混凝土带；（b）直接在楼地面上钉螺钉；　　（混凝土）墙连接
1-素混凝土带；2-楼地面；3-沿地龙骨；　　　　1-竖龙骨；2-石膏板；3-自攻螺钉；
4-竖龙骨；5-石膏板；6-橡胶条（或泡沫塑　　　4-射钉或膨胀螺栓；5-接缝纸带；
料条）；7-自攻螺钉（或射钉）；8-踢脚线　　　　6-密封膏；7-砖墙或混凝土墙

轻钢龙骨隔墙转角处的连接，如图2-58所示。

3）纸面石膏板安装

纸面石膏板分为普通纸面石膏板、耐火纸面石膏板、耐水纸面石膏板。普通纸面石膏板用于一般的室内吊顶或对耐火性能要求较高的室内吊顶基层，不宜用于厨房、卫生间，及空气相对湿度较大的室内环境。对于相对湿度较大的室内环境选用耐水型纸面石膏板，其价格相对较高。

安装石膏板时，用平帽自攻钉。钉要有防腐处理（镀锌钉），钉帽要埋进石膏板面1mm处。要求两块板间留缝隙5mm，用腻子灰抹平表面，贴尼龙网布或的确良布（或特制密封胶带）。干燥后做饰面喷涂或贴壁纸等。

纸面石膏板的安装分单层、双层、多层。安装双层、多层纸面石膏板时，相邻板的接缝应错开。为利于防火，纸面石膏板应纵向安装。纸面石膏板的安装如图2-59，图2-60所示。

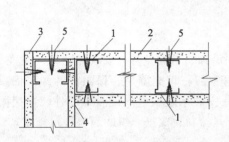

图2-58　轻钢龙骨隔墙连接和阴阳角处理
1-竖龙骨；2-石膏板；3-墙包角件
4-接缝纸带；5-自攻螺钉

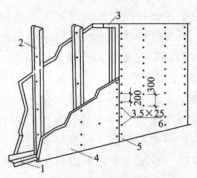

图2-59　单层纸面石膏板安装
1-沿地龙骨；2-竖龙骨；3-沿顶龙骨；
4-石膏板；5-嵌缝；6-自攻螺钉

（2）玻璃隔断墙

1）工艺流程

弹隔墙定位线→划龙骨分档线→安装电管线设施→安装大龙骨→安装小龙骨→防腐处理→安装玻璃→打玻璃胶→安装压条。

2）施工要点

（a）弹线

根据楼层设计标高水平线，顺墙高量至顶棚设计标高，沿墙弹隔断垂直标高线及天、地龙骨的水平线，并在天、地龙骨的水平线上划好龙骨的分档位置线。

（b）安装大龙骨

天、地骨安装：根据设计要求固定天、地龙骨，如无设计要求时，可以用直径8～12mm膨胀螺栓或3～5寸钉子固定，膨胀螺栓固定点间距为600～800mm。安装前做好防腐处理。

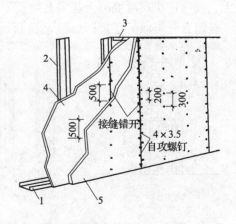

图2-60　双层纸面石膏板安装示意图
1-沿地龙骨；2-竖龙骨；3-沿顶龙骨；
4-第一层石膏板；5-第二层石膏板

沿墙边龙骨安装：根据设计要求固定边龙骨，边龙骨应抹灰收口槽，如无设计要求时，可以用 8~12mm 直径的膨胀螺栓或 3~5 寸钉子与预埋木砖固定，固定点间距为 800~1000mm。安装前龙骨要做好防腐处理。

（c）主龙骨安装

根据设计要求按分档线位置固定主龙骨，用 4 寸的钢钉固定，龙骨每端固定应不少于三颗钉子且必须安装牢固。

（d）小龙骨安装

根据设计要求按分档线位置固定小龙骨，用扣榫或钉子固定且必须安装牢固。安装小龙骨前，也可以根据安装玻璃的规格在龙骨上安装玻璃槽。

（e）安装玻璃

根据设计要求按玻璃的规格安装在小龙骨上；如用压条安装时先固定玻璃一侧的压条，并用橡胶垫垫在玻璃下方，再用压条将玻璃固定；如用玻璃胶直接固定玻璃，应将玻璃先安装在小龙骨的预留槽内，然后用玻璃胶封闭固定。

（f）打玻璃胶

首先在玻璃上沿四周粘上纸胶带，根据设计要求将各种玻璃胶均匀地打在玻璃与小龙骨之间。待玻璃胶完全干后撕掉纸胶带。

（g）安装压条

根据设计要求使用各种规格材质的压条，将压条用直钉或玻璃胶固定在小龙骨上。如设计无要求，可以根据需要选用 10mm×10mm 的铝压条或 10mm×20mm 的不锈钢压条。

（3）木龙骨板材隔墙工程

1）工艺流程

弹隔断定位线→划龙骨分档线→安装大龙骨→安装小龙骨→安装罩面板→安装压条。

2）骨架安装

（a）弹线

在基体上弹出水平线和竖向垂直线，以控制隔断龙骨安装的位置、格栅的平整度和固定点。

（b）龙骨的安装

沿弹线位置固定沿顶和沿地龙骨，各自交接后的龙骨应保持平直。固定点间距应不大于 1m，龙骨的端部必须固定，固定应牢固。边框龙骨与基体之间，应按设计要求安装密封条。门窗和特殊节点处，应使用附加龙骨。

3）石膏板安装

安装石膏板前，应对预埋隔断中的管道和附于墙内的设备采取局部加强措施。

石膏板宜竖向铺设，长边接缝宜落在竖向龙骨上。双面石膏罩面板安装，应与龙骨一侧的内外两层石膏板错缝排列，接缝不应落在同一根龙骨上；需要隔声、保温、防火的应根据要求在龙骨一侧安装好石膏罩面板后，进行隔声、保温、防火等材料的填充。一般采用玻璃丝棉或 30~100mm 的岩棉板进行隔声、防火处理，再封闭另一侧的板。

石膏板应采用自攻螺钉固定。周边螺钉的间距不应大于 200mm，中间部分螺钉的距离不应大于 300mm，螺钉与板边缘的距离应为 10~16mm。

安装石膏板时，应从板的中部开始向板的四边固定。钉头略埋入板内，但不得损毁纸面，钉眼应用石膏腻子抹平，钉子应做防锈处理。

石膏板应按框格尺寸裁割准确；就位时应与框格靠紧，但不得强压；隔墙端部的石膏板与周围的墙或柱应留有3mm的槽口。施铺罩面板时，应先在槽口处加注嵌缝膏，然后铺板并挤压嵌缝膏，使面板与邻近表层接触紧密。在丁字形或十字形相接处，如为阴角用腻子嵌满，贴上接缝带，如为阳角应做护角。

4）胶合板和纤维（埃特板）板、人造木板安装

安装胶合板、人造木板的基体表面，需用油毡、油纸防潮时，应铺设平整，搭接严密，不得有皱折、裂缝和透孔等。

胶合板、人造木板采用直钉固定，如用钉子固定，钉距为80~150mm，钉帽应打扁并钉入板面0.5~1mm；钉眼用油性腻子抹平。胶合板、人造木板如涂刷清油等涂料时，相邻板面的木纹和颜色应近似。需要隔声、保温、防火的应根据设计要求在龙骨安装好后，进行隔声、保温、防火等材料的填充。一般采用玻璃丝棉或30~100mm的岩棉板进行隔声、防火处理；采用50~100mm的苯板进行保温处理，再封闭罩面板。

墙面用胶合板、纤维板装饰时，阳角处宜做护角；硬质纤维板应用水浸透，自然阴干后安装。胶合板、纤维板用木压条固定时，钉距不应大于200mm，钉帽应打扁，并钉入木压条0.5~1mm，钉眼用油性腻子抹平。用胶合板、人造木板、纤维板作罩面时，应符合防火的有关规定，在湿度较大的房间，不得使用未经防水处理的胶合板和纤维板。墙面安装胶合板时，阳角处应做护角，以防板边角损坏，也能增加装饰效果。

5）塑料板安装

塑料板的安装方法：有粘结和钉结两种。

（a）粘结：聚氯乙烯塑料装饰板用胶粘剂粘结。

胶粘剂为聚氯乙烯胶粘剂（601胶）或聚醋酸乙烯胶。

操作方法为：用刮板或毛刷同时在墙面和塑料板背面涂刷，不得有漏刷。涂胶后看见胶液流动性显著消失，用手接触胶层感到黏性较大时，即可粘结。粘结后应采用临时固定措施，同时将挤压在板缝中多余的胶液刮除，并将板面擦净。

（b）钉结

安装塑料贴面复合板应预先钻孔，再用木螺钉加垫圈紧固，也可用金属压条固定。木螺钉的钉距一般为400~500mm，排列应一致整齐。

加金属压条时，应拉横竖通线并拉直，并应先用钉子将塑料贴面复合板临时固定，然后加盖金属压条，用垫圈找平固定。

6）铝合金装饰条板安装

用铝合金条板装饰墙面时，可用螺钉直接固定在结构层上，也可用锚固件悬挂或嵌卡的方法，将板固定在墙筋上。

2.2 施工后的处理

2.2.1 质量验收

（1）一般规定

1）轻质隔墙工程应对人造木板的甲醛含量进行复验
2）轻质隔墙工程应对下列隐蔽工程项目进行验收
（a）骨架隔墙中设备管线的安装及水管试压。

（b）木龙骨防火、防腐处理。
（c）预埋件或拉结筋。
（d）龙骨安装。
（e）填充材料的设置。

3）各分项工程的检验批应按下列规定划分

同一品种的轻质隔墙工程每50间（大面积房间和走廊按轻质隔墙的墙面30m²为一间）应划分为一个检验批，不足50间也应划分为一个检验批。

4）轻质隔墙与顶棚和其他墙体的交接处应采取防开裂措施。

5）民用建筑轻质隔墙工程的隔声性能应符合现行国家标准《民用建筑隔声设计规范》GBJ 118—88的规定。

（2）各类型隔墙的质量标准

1）板材隔墙工程

主控项目：

（a）隔墙板材的品种、规格、性能、颜色应符合设计要求。有隔声、隔热、阻燃、防潮等特殊要求的工程，板材应有相应性能等级的检测报告。

检验方法：观察，检查产品合格证书、进场验收记录和性能检测报告。

（b）安装隔墙板材所需预埋件、连接件的位置、数量及连接方法应符合设计要求。

检验方法：观察，尺量检查，检查隐蔽工程验收记录。

（c）隔墙板材安装必须牢固。现制钢丝网水泥隔墙与周边墙体的连接方法应符合设计要求，并应连接牢固。

（d）隔墙板材所用接缝材料的品种及接缝方法应符合要求。

检验方法：观察，检查产品合格证书和施工记录。

一般项目：

（a）隔墙板材安装应垂直、平整、位置正确，板材不应有裂缝或缺损。

检验方法：观察，尺量检查。

（b）板材隔墙表面应平整光滑、色泽一致、洁净，接缝应均匀、顺直。

检验方法：观察，手摸检查。

（c）隔墙上的孔洞、槽、盒应位置正确、套割方正、边缘整齐。

（d）板材隔墙安装的允许偏差和检验方法应符合表2-7的要求。

板材隔墙安装的允许偏差和检验方法　　　　　表2-7

项次	项目	允许偏差（mm）				检验方法
		复合轻质墙板		石膏空心板	钢丝网水泥板	
		金属夹芯板	其他复合板			
1	立面垂直度	2	3	3	3	用2m垂直检测尺检查
2	表面平整度	2	3	3	3	用2m靠尺和塞尺检查
3	阴阳角方正	3	3	3	4	用直角检测尺检查
4	接缝高低差	1	2	2	3	用钢直尺和塞尺检查

2) 骨架隔墙工程

主控项目：

（a）骨架隔墙所用龙骨、配件、墙面板、填充材料及嵌料的品种、规格、性能和木材的含水率应符合要求。有隔声、隔热、阻燃、防潮等特殊要求的工程，材料应有相应性能等级的检测报告。

检验方法：观察，检查产品合格证书、进场验收记录、性能检测报告和复验报告。

（b）骨架隔墙工程边框龙骨必须与基体结构连接牢固，并应平整、垂直、位置正确。

检验方法：手扳检查，尺量检查，检查隐蔽工程验收记录。

（c）骨架隔墙中龙骨间距和构造连接方法应符合设计要求，骨架内设备管线的安装、门窗洞口等部位加强龙骨应安装牢固、位置正确，填充材料的设置应符合设计要求。

检验方法：检查隐蔽工程验收记录。

（d）木龙骨及木墙面板的防火和防腐处理必须符合设计要求。

检验方法：检查隐蔽工程验收记录。

（e）骨架隔墙的墙面板应安装牢固，无脱层、翘曲、缺损。

检验方法：观察，手扳检查。

（f）墙面板所用接缝材料的接缝方法应符合设计要求。

检验方法：观察。

一般项目：

（a）骨架隔墙表面应平整光滑、色泽一致、洁净、无裂缝，接缝应均匀、顺直。

检验方法：观察，手摸检查。

（b）骨架隔墙上的孔洞、槽、盒应位置正确、套割吻合、边缘整齐。

检验方法：观察。

（c）骨架隔墙内的填充材料应干燥，填充应密实、均匀、无下坠。

（d）骨架隔墙安装的允许偏差和检验方法应符合表 2-8 的规定。

检验方法：观察，手摸检查。

骨架隔墙安装的允许偏差和检验方法　　　　表 2-8

项次	项目	允许偏差（mm）		检 验 方 法
		纸面石膏板	人造木板、水泥纤维板	
1	立面垂直度	3	4	用 2m 垂直检测尺检查
2	表面平整度	3	3	用 2m 靠尺和塞尺检查
3	阴阳角方正	3	3	用直角检测尺检查
4	接缝直线度	—	3	拉 5m 线，不足 5m 拉通线，用钢直尺检查
5	压条直线度	—	3	拉 5m 线，不足 5m 拉通线，用钢直尺检查
6	接缝高低差	1	1	用钢直尺和塞尺检查

3）玻璃隔断工程

主控项目：

（a）玻璃隔断工程所用材料的品种、规格、性能、图案和颜色应符合设计要求，玻璃板隔墙应使用安全玻璃。

检验方法：观察，检查产品合格证书、进场验收记录和性能检测报告。

（b）玻璃砖隔墙的砌筑和玻璃板隔墙的安装方法应符合设计要求。

检验方法：观察。

（c）玻璃砖工程中埋设的拉结筋必须与机体结构连接牢固，并应位置正确。

检验方法：手扳检查，尺量检查，检查隐蔽工程验收记录。

（d）玻璃板隔墙的安装必须牢固。玻璃板隔墙胶垫的安装应正确。

检查方法：观察，手推检查，检查施工记录。

一般项目：

（a）隔断表面色泽一致、平整整洁、清洁美观。

检验方法：观察。

（b）玻璃隔断接缝应横平竖直，玻璃应无裂痕、缺损和划痕。

检验方法：观察。

（c）玻璃板隔墙嵌缝及玻璃砖隔墙勾缝应密实平整、均匀顺直、深浅一致。

检验方法：观察。

（d）玻璃隔墙安装的允许偏差和检验方法应符合下表2-9的规定。

玻璃隔墙安装的允许偏差和检验方法 表2-9

项次	项 目	允许偏差（mm）		检 验 方 法
		玻璃砖	玻璃板	
1	立面垂直度	3	2	用2m垂直检测尺检查
2	表面平整度	3	—	用2m靠尺和塞尺检查
3	阴阳角方正	—	2	用直角检测尺检查
4	接缝直线度	—	2	拉5m线，不足5m拉通线，用钢直尺检查
5	接缝高低差	3	2	用钢直尺和塞尺检查
6	接缝宽度	—	1	用钢直尺检查

2.2.2 成品与半成品保护的技术措施

在施工过程中，对已经完成的分项工程应妥善地进行保护，以免造成返工。具体的技术措施有：覆盖、遮挡、外包装纸暂时不去掉等方法。

（1）隔墙木骨架及罩面板安装时，应注意保护顶棚内装好的各种管线、木骨架的吊杆。

（2）施工部位已安装的门窗，已施工完的地面、墙面、窗台等应注意保护、防止损坏。

（3）木骨架材料，特别是罩面板材料，在进场、存放、使用过程中应妥善管理，使其不变形、不受潮、不损坏、不污染。

2.2.3 场地清理与资料整理

（1）场地清理

所有装饰装修工程在完成施工图纸上要求的所有工作内容以后，应做到"工完料尽场清"。及时清理施工现场的油污、胶迹、包装物等，避免时间过长不易清除。

（2）资料整理

工程完工以后，应及时进行资料整理，如图纸变更单、材料变更单、工程签认单等应及时整理归档，以便进行下一步（如竣工结算和绘制竣工图）的工作。

轻质隔墙工程验收时应检查下列文件和记录：

1) 轻质隔墙工程的施工图、设计说明及其他设计文件。
2) 材料的产品合格证书、性能检测报告、进场验收记录和复验报告。
3) 隐蔽工程验收记录。
4) 施工记录。

实 训 课 题

3.1 基 本 项 目

3.1.1 项目名称

某办公楼会议室轻质隔墙的装修

某办公楼为钢筋混凝土框架结构，外墙为砖墙，内做轻质隔墙，楼面至梁底的净高为2800mm，柱为600mm×400mm。图2-61为其中一个会议室的平面与隔墙剖面图。

木筋基层骨架安装（双面装饰带门框）施工图，如图2-61隔墙甲所示。

木质饰面板面层（在木筋基层骨架安装的基础上）施工图，如图2-61隔墙乙所示。

轻钢龙骨骨架安装（双面装饰带窗框）施工图，如图2-62（a）、（b）所示。

织物软包饰面装饰（在轻钢龙骨骨架安装的基础上）施工图，如图2-63（a）、（b）所示。

3.1.2 工作内容

（1）施工图纸的阅读

阅读相应的平面图、剖面图、立面结构图、立面布置图、节点样图，进行综合与比较。在看懂图的基础上，处理好图面中存在的问题。

（2）材料

按施工图的要求，列出所需的材料、名称、品种、规格与数量，提出材料性能与技术指标的验收要求，写出相应的材料堆放与使用要求。

（3）机具

根据各课题的工作内容，列出主要使用机具的名称，并写出它们各自的使用要点与维护知识。

（4）施工工艺流程

根据各课题的内容，编写从准备工作到施工质量验收的全部工序工艺流程图。

（5）工艺要点

经过课题的安装施工操作，总结出各个工序工艺中的施工要点。

（6）验收与检测

对隔墙的施工验收标准，先编制相应的评分表格，然后对课题的安装成品进行实施质量检测与评定。

（7）写出轻质隔墙的产品保护措施

（8）质量通病分析

结合实训操作,参考有关的资料,写出轻质隔墙的产品保护措施。

3.1.3 实训目的

通过练习,能够阅读施工图,掌握轻质隔墙构造做法,能根据隔墙类型选择轻质隔墙施工方案及施工方法,选择施工机具,会操作。

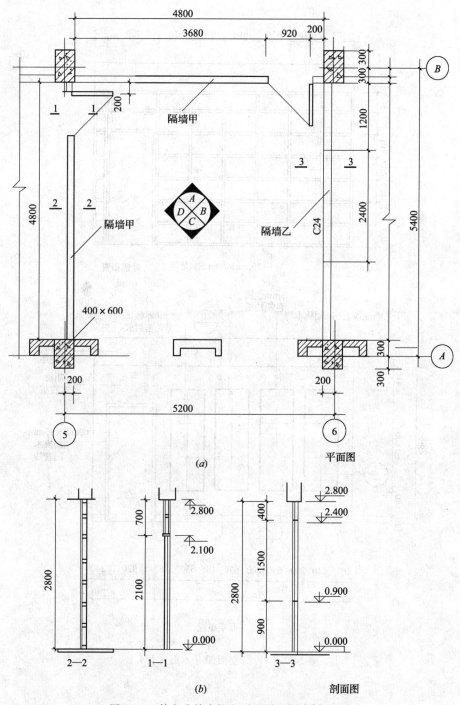

图 2-61 某办公楼会议室平面图及隔墙剖面图

3.1.4 实训要求

1）根据具体情况，一组任选其中一个至两个实训内容。

2）原则上4人一组。

3）实习地点：建议可在校实训基地。

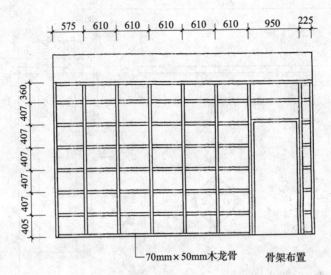

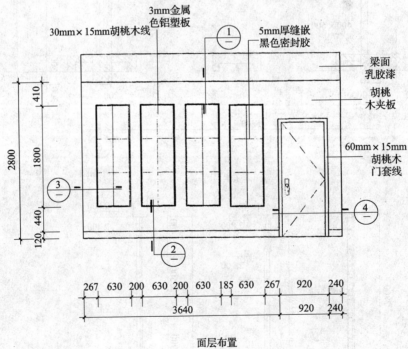

图 2-62（a） 立面图（木筋龙骨）

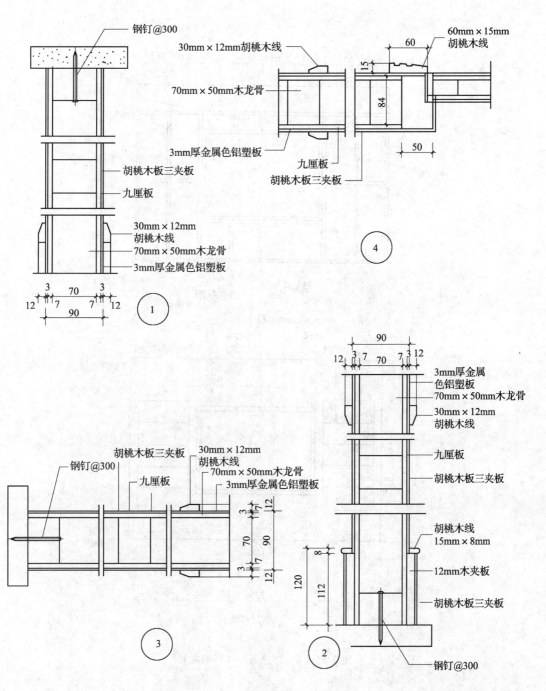

图 2-62（b） 节点详图（木筋龙骨）

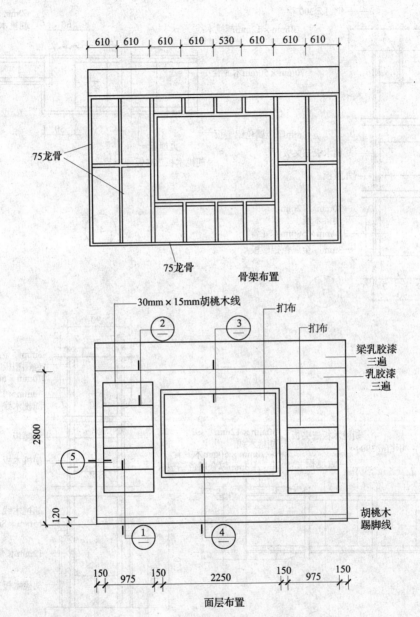

图 2-63（a） 立面图（轻钢龙骨）

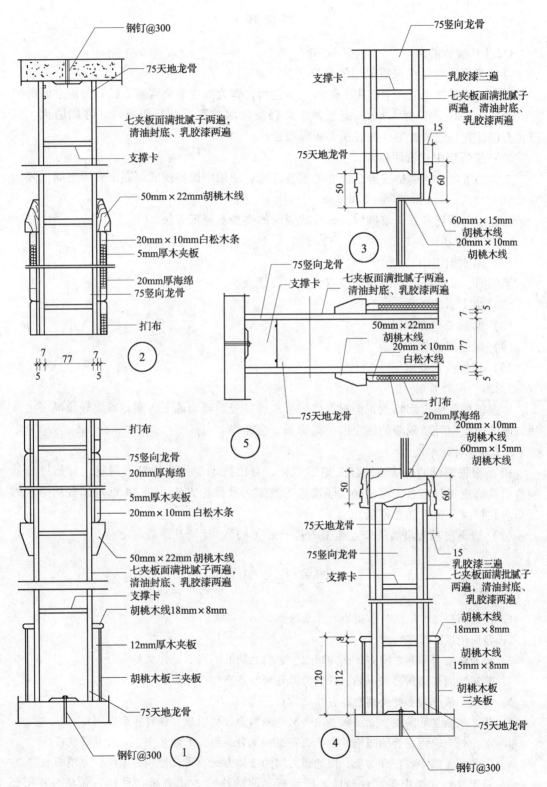

图 2-63（b） 节点大样（轻钢龙骨骨架）

3.2 拓展项目

3.2.1 项目名称

(1) 某展览馆馆内轻质隔墙的装修

从某展览馆展厅的大空间中分隔出一小空间,作为独立的会客室。已知分隔空间的轻质隔墙高为3.2m,长为4.4m,图纸要求该轻质隔墙能隔声、阻隔视线,并能防火、防潮,而且具有一定的造型。按轻质条板隔墙设计。

(2) 某饭店中式餐厅隔断

某中式餐厅为了创造安静、独立的就餐环境,现用中国传统式隔断来分隔空间。隔断高 1300～1550mm,长 2200～3200mm。

通过实际现场参观,掌握中国传统式隔断的类型及施工方法。

3.2.2 项目任务

(1) 绘制施工图

平面图、立面图、剖面图、节点大样、设计说明。

(2) 施工图的翻样

(3) 编制工艺流程图

(4) 编制工艺操作要点

(5) 其他技术要求

3.2.3 实训目的

掌握轻质隔墙应用特点,能根据使用要求选择轻质隔墙施工方案,确定轻质隔墙的做法,熟练地绘制轻质隔墙的施工图。能识图,会操作。

3.2.4 实训深度

(1) 根据图纸的要求编写施工组织设计,写出技术准备要注意的问题,如何进行材料与机具的选择与准备。写出轻质隔墙施工的工艺及操作方法。用 A4 纸写出轻质隔墙的质量验收标准及施工注意事项。

(2) 请画出轻质隔墙的节点施工图若干张(A3)。比例及张数自定。

思考题与习题

1. 什么叫隔墙?隔墙与承重墙有什么区别?
2. 轻质隔墙有哪些特点?
3. 普通隔墙与隔断之间有什么共同点?它们之间的不同点是什么?
4. 普通隔墙按结构形式不同一般分为哪几种?各有什么特点?
5. 隔断一般分为哪些类别?各有什么特点?
6. 什么叫做立筋隔墙?立筋隔墙由哪两个基本部分所组成?各有什么作用?
7. 木龙骨与轻钢龙骨的隔墙各有什么特点?从骨架组成的体系中,一般有哪些杆件?
8. 木龙骨骨架中各杆件与墙、楼地板之间的连接方式有哪几种构造做法?并用图表示。
9. 轻钢龙骨骨架中各杆件与墙、楼地板之间的连接方式有哪几种构造做法?并用图表示。

10. 隔墙饰面层的构造方式有哪几类？各有什么特点？
11. 饰面层与骨架之间有哪几种连接方式？并用图表示。
12. 隔墙饰面层板缝处理方式有哪几种形式？并用图表示。
13. 条板式隔墙有什么特点？
14. 说出泰柏板板材的组成与材质特点。
15. 说出石膏空心板隔墙的特点和组成方法。
16. 说出纸蜂窝板隔墙的特点和组成方法。
17. 墙裙和踢脚线各有什么作用？它们的构造尺寸为多少？
18. 画镜线的制作材料有哪些？各有什么特点？
19. 顶棚线的构造做法有哪几种类型？
20. 什么叫装饰壁炉？装饰壁炉的构造特点是什么？
21. 装饰壁柱的构造特点有哪些？
22. 说明隔墙中转角构造处理的基本方法。
23. 墙面装饰一般要阅读哪些图纸？可以得到什么相应的内容？
24. 技术交底的目的是什么？
25. 轻质隔墙材料一般有哪些类别？
26. 人造板材的甲醛释放实验有哪些方法？
27. 轻质隔墙施工中一般需要哪几类机具？
28. 画出一般轻质隔墙的施工工艺流程图。
29. 质量验收一般有哪些规定？
30. 板材隔墙质量标准中的主控项目有哪些内容？
31. 骨架隔墙质量标准中的主控项目有哪些内容？
32. 玻璃隔断质量标准中的一般项目有哪些内容？
33. 轻质隔墙的资料整理有哪些内容？

单元3 门窗安装

知识点： 门窗的结构构造、安装工艺与方法、门窗材料及五金的性能与技术指标、质量验收标准与检验方法、安全技术、成品与半成品保护方法。

教学目标： 能熟练地识读门窗装饰施工图，能对门窗工程进行施工图翻样，能熟练地选用施工机具、装饰材料与五金配件，能进行测量放线和对施工机具进行常规维护，能对分项工程施工进行质量验收。

课题1 门窗的基本知识

门和窗是房屋建筑中两个重要的部件，也是建筑装饰施工技术中的重要内容。从建筑艺术角度讲，门窗在建筑外形与房间中起到类似人体五官的作用，因此，必须重视门窗的施工安装作业。

现代门窗的制作生产已经走上标准化、规格化、商品化的道路，全国各地都有大量的标准图可供选用，绝大部分的门窗都由工厂制作和加工，之后送到施工现场进行安装，仅有少量的特殊要求的门窗，才在施工单位直接制作和加工，以供现场安装。因而，我们主要讨论与安装有关的问题。

1.1 门窗的功能与构造组成

1.1.1 门的功能与构造组成

门作为一个空间进入另一空间的界面构件，最大的功能是组织交通流线和控制流量。在现代建筑中，由于新材料、新技术的不断运用，使得门的概念得以扩展，门的功能也得以加大，门不再局限于交通方面的功能，它还具有标识、美化、防护、防盗、隔声、保温、隔热等功能，甚至具有防爆、防辐射、抗冲击波等特殊功能。因此，门的发展形式和内容，依托于新技术的增长，适应着现代社会生活的种种需要。

门的构造组成与门的形式、材料、性能有较大的关系，一般由门框、门扇、亮子、门帘箱、门帘、门套、五金等部分所组成，如图3-1所示。

（1）门框

门框又叫门樘，以此连接门洞墙体或柱身及楼地面与顶底门过梁，用以安装门扇与亮子，如图3-2所示为墙体与门框的各联系构件。

门框一般由竖向的边梃、中梃及横向的上槛、中贯樘及下槛所组成。下槛一般充作门槛，无下槛时常在制作加工后设置一临时固定支撑，以防止门框变形的现象出现，当门框安装固定后将此临时固定支撑拆除。在边梃的下端部分，常做出一横向线形锯口线，以控制门梃埋入楼地板的深度。

门框安装方式一般有立樘子和塞樘子两种。立樘子又称立口，施工时先将门框立好后才砌筑墙体，这种方法的优点是门框与墙体的连接较为紧密，缺点是施工不便，门框及其安装的临时支撑容易被碰撞而发生移位及破损，故较少采用。塞樘子又称嵌樘子或塞口，是在砌墙时先留出门洞口，以后再安装门框，这种方法施工方便，调整的余地大，安装质量容易控制，但洞口的位置和大小尺寸必须留得准确，洞口砌体的垂直度要求较高。

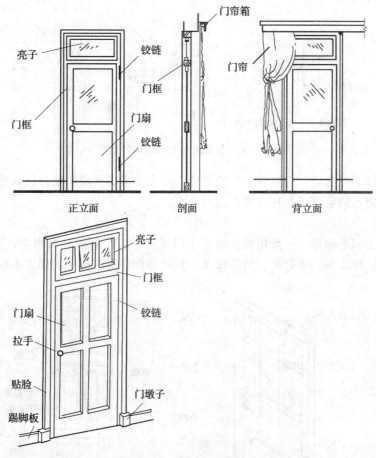

图 3-1 门的构造组成

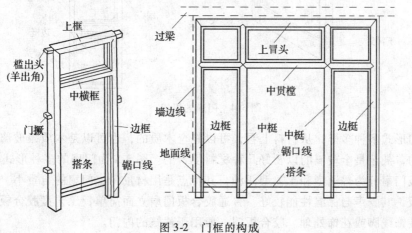

图 3-2 门框的构成

门框与墙体的结合因框的形式与材料的不同而不同。对于木质门框，常用钉子钉于洞口两侧预埋的防腐木砖上，木砖每边不少于三块，为了施工方便，也可以在框上钉钢脚，再用膨胀螺钉钉于墙上，还可以用膨胀螺钉或水泥钉直接把框钉于墙上。图3-3为框与墙的连接固定方式。

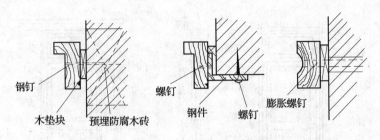

图3-3 木门框框梃与洞口墙体的固定

门框与墙体的结合处，应留有一定的空隙，并充分考虑框两侧墙体抹灰等装饰处理层的厚度，其固定点的空隙用木片或硬质塑料垫实。

（2）门扇

门扇是开与闭的部件，一般用铰链固定于门框之上。门扇的种类很多，一般由边梃、中梃、上冒头、中冒头、下冒头、门芯板及芯梶条等杆件所组成，如图3-4所示。

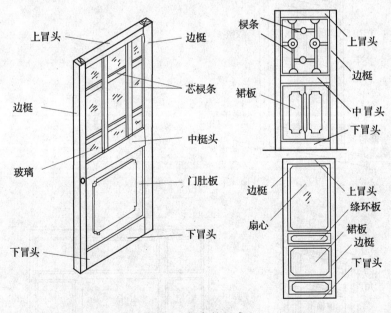

图3-4 门扇的组成

门扇的形式多种多样，从材料上看，可以是全木质的，也可以是木质镶玻璃的，还可以是金属的，甚至是全玻璃的以及好几种材料复合的。图3-5为门扇的多种形式。

胶合板门扇分为普通型和工艺型两种，其特点是用材量少，门扇的自重小。一般采用多层胶合板，其隔声与保温性能较好。普通胶合板门扇立面简单，工艺型胶合板门扇有一定的艺术装饰线脚或花饰处理。胶合板门一般用于建筑的内门。

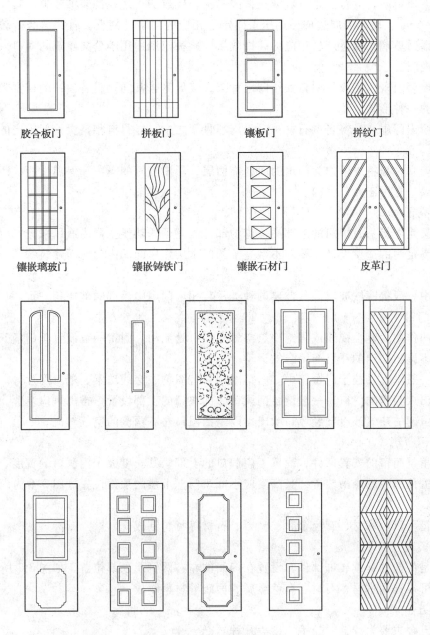

图 3-5 门扇的多种形式

木质拼板门扇的自重较大，用料较多，但其构造简单，且坚固耐用。若制成双层拼板，则保温与隔声性能较好，常作为民用建筑的外门。

镶板门扇的门芯板一般采用多层胶合板或实木板，也可用细木工板、中密度板等各类板材。其构造简单、制作方便，适用于建筑的内门或外门。

拼纹门扇实际上是镶板门中的一种，用一种或多种板材，以不同的纹路走向、不同的质地颜色进行有规则的拼接而成的相应的门芯板，镶嵌于其中，形成美丽的装饰效果，常用于建筑的内门。

镶嵌玻璃门扇，其特点是以玻璃充作门芯板，形成透光透视的装饰效果。其玻璃厚度须采用 5~6mm。玻璃的周边应使用压条固定于相应的门扇杆件上。若选用磨砂玻璃、压花玻璃、镭射玻璃，则会产生相应的装饰效果。此种门扇适用于公共建筑的入口大门或大型房间的内门。

铸铁玻璃门扇，一般是用铸铁作门扇骨架，玻璃镶嵌其间，具有独特的视觉效果，是现今常用的一种形式。

石材镶嵌门扇，是将名贵石材镶嵌于门扇骨架之中，显得典雅高贵，但门扇的自重可能较大。

皮革门扇，是将皮革作为门扇的面料饰面层，形成良好的隔声和保温性能，产生良好的装饰效果，常用于办公室门。

(3) 亮子

亮子又叫做腰头，指门的上部类似窗的部件。亮子的功能主要为通风采光，以扩大门的面积，满足门的造型设计需要。不带亮子的门常用作房间的内门，而建筑物的外门常带有亮子。

亮子中一般都镶嵌玻璃，其玻璃的种类常与相应门扇中镶嵌的玻璃相一致。

(4) 门帘

门帘的作用为遮挡视线或隔绝冷热空气在门口处流动。门帘一般设置于门扇开启的另一侧，以不影响门扇的开启与闭合的运动。

门帘一般垂直悬挂于门帘箱中。门帘的用料有织物、穿线珠索、塑料网片等。

对于出入频繁的门口，一般设置门风帘，即在门的上部设置一排出风口装置，由风机产生恒温恒速的热气或冷气经风口吹出，以阻挡门口左右两侧的空气对流。

(5) 门帘箱

门帘箱是门帘的安置部件，设置于门洞口的上部，其长度大于门洞口的宽度，其宽度应确保遮盖住门帘的悬吊装置，其高度应不低于门框上槛的顶面位置。图 3-6 为门帘箱的构造要求。

门帘箱可以由木材、有色金属、塑料、石材等材料制成。

(6) 门套

门套是门框的延续装饰部件，设置在门洞的左右两侧及顶部位置，如图 3-7 所示。

门套可以选用木材、石材、有色金属、面砖等材料制成。

(7) 五金

门的五金主要为铰链、拉手、锁等几种。

铰链用于门框与门扇之间的铰支连接。铰链的种类很多，常用的有普通铰链、弹簧铰链、地弹簧、弹簧铰等。

拉手安装于门扇立面中离地 900~1000mm 的部位，借助于它进行门扇的开启与闭合。执手与旋钮实际上是拉手的发展，具有临时锁定门扇的作用。

图 3-8 为拉手在门扇上的安装形式。

门定位器是指把门控制在一定开闭状态的设置器具，常用的有门轧头、定门器、脚踏门制、磁性定门制等，如图 3-9 所示。

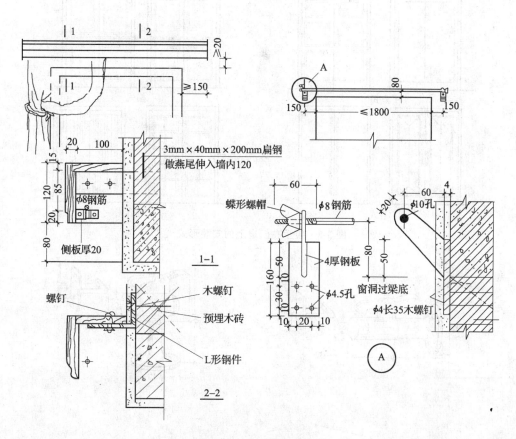

图 3-6 门帘箱的构造要求

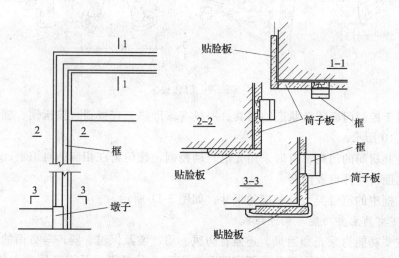

图 3-7 门套

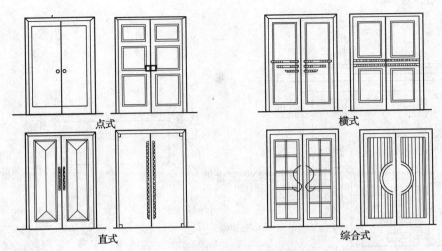

图 3-8　拉手在门扇上的安装形式

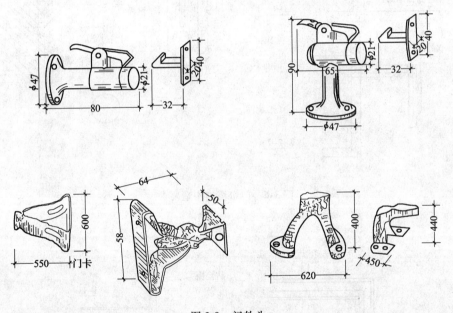

图 3-9　门轧头

锁是用于控制门扇闭合状态的器具，一般有球形锁、直扳锁、按压锁、感应锁等几大类，如图 3-10 所示。

某些公共房间的门扇，有时采用光电自动控制，让门扇在相应的轨道上，根据人员与货物的进出而自动开启或闭合。

门扇在框中的组合类型及相应的尺寸，如图 3-11 所示。

1.1.2　窗的主要功能与构造组成

窗的主要功能为采光和通风，还兼有防风、雨、雪及保温、隔声等方面的作用。

按照窗开设部位和标高等位置不同可分为以下几种类别：开设于墙身上的窗叫侧窗，离楼地面 1500mm 以上的侧窗叫高窗，离楼地面 300mm 以内的叫落地窗，开设于屋顶中的窗叫天窗。

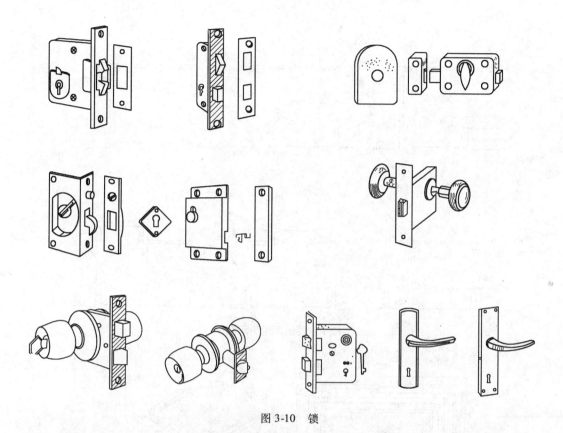

图 3-10 锁

窗的采光能力与窗口面积大小、窗的水平与垂直角度、位置、朝向、周围的环境情况有很大的关系，同时与自身透光玻璃纯面积有关。在一般的设计中，以采光口与所在房间楼地面的面积比，作为设置天然采光的一个重要的设计参数。

窗的通风能力，除了自身窗户开启面积外，还与房间中不同位置的窗之间、窗与门之间的相互组合有关。图 3-12 所示为房间中由于窗的设置不同，其通风的效果就不同。

窗的构造组成，与窗的形态、窗的用料、窗的主要功能有较大的关系。一般的窗基本上由窗框、窗扇、窗帘、窗帘箱、窗套、窗盘、窗台、窗五金等部件所组成，如图 3-13 所示。

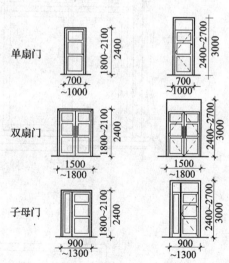

图 3-11 门的组合与常规尺寸

（1）窗框

窗框又叫窗樘，是窗扇和墙体之间的连接构件。窗框一般由上冒头、下冒头、中贯樘、边梃、中梃等杆件所组成。有些窗框在制成时加设斜向的临时搭条，以免在运输与安装时发生变形，当框安装固定后将临时搭条拆除，如图 3-14 所示。

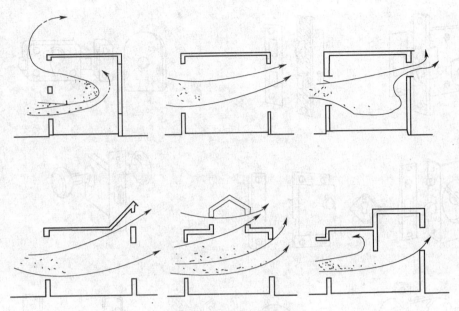

图 3-12　室内通风组织示意图

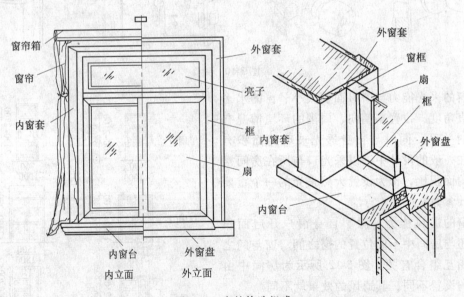

图 3-13　窗的构造组成

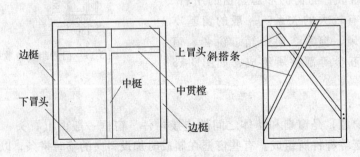

图 3-14　窗框的构成

窗框的安装有嵌樘子和立樘子两种方法。现今常用的为嵌樘子的方法。框与墙体的固定方法因窗的材料不同而异，框与墙体之间，应留有一定的空隙，并在固定点常用木块塞紧嵌实。

（2）窗扇

窗扇是窗的开与闭、通风与采光的部件，常在其上安装玻璃。当窗扇上安装纱时称为纱窗。纱有塑料纱网、金属丝纱网等多种。传统的纱窗已逐渐被现代的垂直式水平卷式纱帘所代替。

窗扇由边梃、上冒头、下冒头、窗芯、棂条等杆件所组成，如图3-15所示。

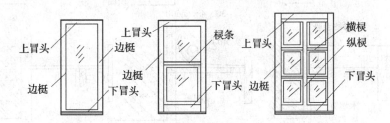

图3-15 窗帘的构成

窗扇中的玻璃安装与窗扇的用料有关。例如，木质窗使用木质压条，铝合金窗使用胶质嵌条。

（3）亮子

亮子是窗中贯樘以上的窗扇。其构造做法与一般的窗扇基本相同，仅外形与安装位置不同。

（4）窗帘

窗帘有遮挡部分光线或视线的作用，它一般安置于窗扇开启的另一侧。

窗帘一般采用织物制成，有单层、双层、多层几种，悬挂于窗帘箱内。

对窗帘进行折叠打结，能形成良好的装饰效果，如图3-16所示。

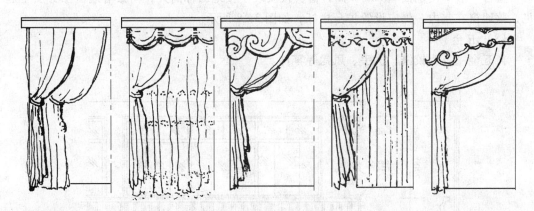

图3-16 窗帘的装饰效果

（5）窗帘箱

窗帘箱又名窗帘盒，一般由箱体和悬吊装置两部件所组成，用以安装窗帘织物。

窗帘箱有独立式与通长组合式两种做法。独立式是仅在窗的部分设置，其两端一般伸出250mm左右。通长组合式是在有窗的一面墙体，沿窗顶的左右两侧都设置帘箱。通长组合式做法，往往与吊顶连在一起，可做成凹槽式或外凸式，如图3-17所示。

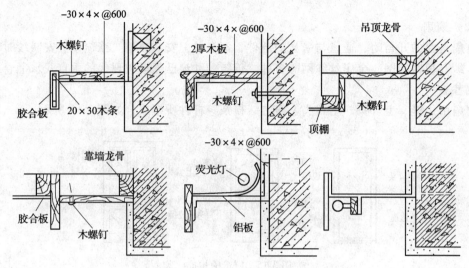

图3-17 窗帘箱的设置构造方式

窗帘箱的底部，不应低于窗框的上冒头。

（6）窗套

窗套是窗口两侧与上下的装饰部件，在室内叫做内窗套，在室外叫做外窗套。

内窗套常用木材、石材、金属材料做成，外窗套常用石材、砖体铺砌或抹灰做成。

（7）窗台与窗盘

窗台与窗盘是窗的下部结构部件，又合称为窗台，故外窗台叫窗盘，内窗台叫窗台。它们除了共同的装饰效果外，窗盘还具有良好的排水引流作用，以减弱墙面的水透现象。窗台（内窗台）具有良好的窗面保护作用，以增强窗底墙体面层的强硬度。

窗台一般离楼地面1000mm高，窗直接安装于楼地面标高处，叫做落地窗。为安全起见，落地窗在室内一侧应设置护身栏杆，如图3-18所示。

（8）五金

窗五金主要为铰链、执手、风钩等零件。

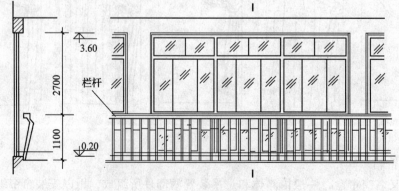

图3-18 落地窗栏杆

铰链为窗扇与窗框之间定向转动的固定组件。铰链有普通及特种两大类，其用料有铁质、铜质、尼龙、高级塑料等多种；风钩、插销为窗扇的定位装置；执手便于对窗扇进行开启与关闭的运作。

窗的高度一般为 300mm 的倍数。宽度一般为 150mm 的倍数。同一框中有单扇、双扇、三扇及四扇窗扇，常称为单樘或单联。几个单樘通过拼接成为一个较大的窗，叫做组合樘，也叫双联、三联等。图 3-19 为窗的组合形式。

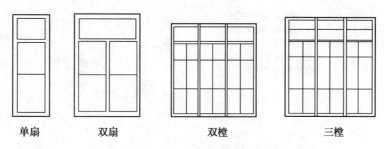

图 3-19　窗的组合形式

1.1.3　门扇、窗套、窗帘箱、窗帘的构造组成

（1）门扇的构造组成

门扇的构造用材性质不同、形式不同而有所差异。在此以木质门扇为例介绍相应的构造知识。图 3-20 为半截玻璃门详图。

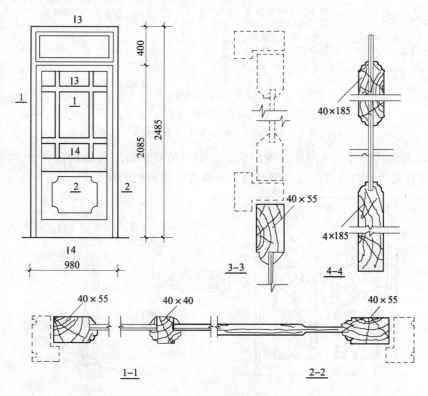

图 3-20　半截玻璃门扇详图

从详图中可以看出，门扇各杆件的常用截面尺寸。所指的各杆件截面尺寸，均为外包尺寸。边梃与上冒头的截面一般取相同的截面尺寸。而中冒头与下冒头的截面大小相同，并高度大于边梃与上冒头，以确保门扇的结合稳定性。门扇中的纵横棂芯条杆件的截面，其厚度与梃、冒头等同，但高度减少。

半截玻璃门扇中各杆件的结合一般采用榫结合的方式，图3-21为门扇中主要的榫接结构情况。

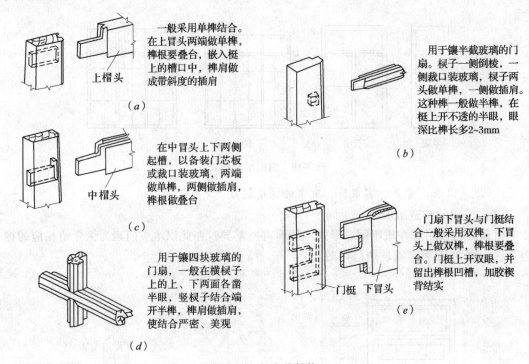

图 3-21　门扇榫结构

(a) 上冒头与门梃结合；(b) 棂子与门梃结合；(c) 中冒头与门梃结合；
(d) 棂子与棂子的十字结合；(e) 下冒头与门框结合

图3-22为现代装饰中使用的一种门扇，它采用仿梃、仿冒头的构成组合方式，各杆件之间的结合采用钉与粘胶结合，因而达到用料省、造价低的效果。

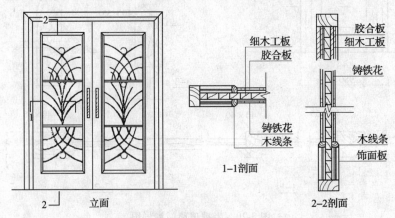

图 3-22　木框金属镶嵌门的构造

图 3-23 为欧式门扇，图 3-24 为中国古典隔扇，从立面上可以看出它们之间的构造上的差异。

图 3-23　欧式门扇

（2）窗套

窗套一般是指窗洞周边的饰面部件，有时也把窗台、窗盘包含进去，以此作为广义的窗套。

图 3-25 为木质的窗套详图，其左右侧边与上沿主要由筒子板与贴脸板所构成。安置筒子板的墙面，应铺设油毡，或在板的背面涂沥青，并在板上钻设直径为 6mm 左右的上下透气孔，以防潮气腐蚀木材。贴脸板又叫看面板，一般带有线脚饰纹，可通长分为几块条板拼制而成。当贴脸板仅为一小条板条时，仅起遮盖框边与抹灰层接触缝的作用，则往往被称为盖灰条。

窗台一般由窗台板和贴角条所构成。窗台板一般为整块板做成，里侧镶嵌于框底边，两端伸出相应的贴脸板。贴角条在窗台板的下侧，起到遮盖灰缝与加固窗台板的作用。

石质窗套的构造原理基本同木质窗套，仅固定方式不同。图 3-26 为石质窗套的某个节点详图。

金属窗套一般为采用金属薄板固定在木基层上，其窗台可用石质做成。图 3-27 为金属窗套的节点详图。

窗的外立面有时也设窗套，如图 3-28 所示。外窗套中的天盘、窗盘中，应有相应的滴水槽处理。

外窗套除了石质、抹灰组成外，还可采用预制钢筋混凝土饰件，采用适当的方法安装在相应的设计位置上。

图 3-24 中国古典隔扇

(3) 窗帘箱与窗帘

窗帘箱一般由箱体和悬挂装置两部分组成。

箱体主要用木材制成，如图 3-29 为凸式箱体。

对于短小的箱体，一般采用板材制作。对于长度较大，断面较复杂的箱体，应该采用框架作为主体结构，然后再铺贴相应的面板制作，以加强箱体的整体强度。

箱体的看面板上有时设置装饰线脚或花式样纹，以增添一定的艺术效果，如图 3-30 所示。

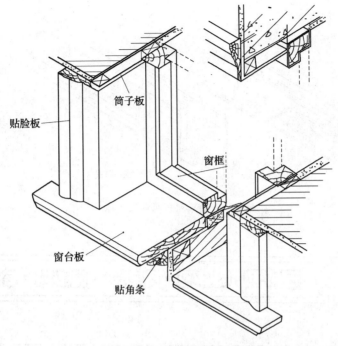

图 3-25 木质窗套

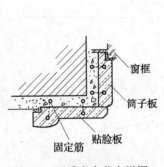

图 3-26 石质窗套节点详图

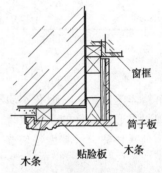

图 3-27 金属窗套节点详图

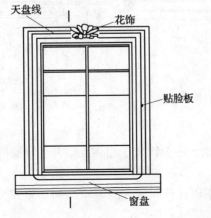

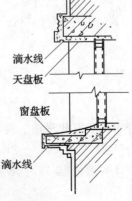

图 3-28 外窗套的构造示意图

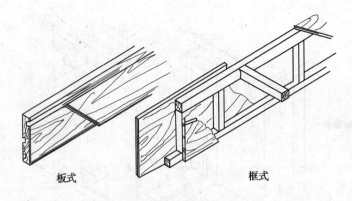

图 3-29　凸式窗帘箱体的构造

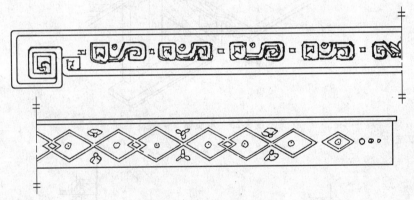

图 3-30　箱体上的线脚样纹

金属窗帘箱体的做法，一般在木质箱体的表面铺贴金属薄片即可，并可在金属薄板上进行着色处理，以形成良好的视觉效果。

窗帘箱中的悬挂装置，其做法较多，一般有如图 3-31 所示的几种做法，以形成相应的滑道。

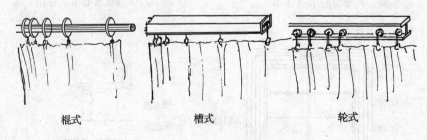

图 3-31　窗帘的悬挂方式

窗帘悬挂装置中的圆棍或滑槽、滑轨，一般固定于箱体上，并可以随时取下以便检修和更换。

窗帘箱体与墙体一般依据"L"形扁钢进行固定。图 3-32 为窗帘箱体与悬挂装置均与墙体固定的示意图。

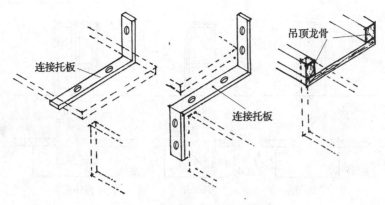

图 3-32　窗帘箱的固定大样图

窗帘一般依靠箱中的弹簧夹子夹住上端而自然垂下，悬挂在相应的设计位置。若设置双层帘布，则应安置双排的滑道及弹簧夹子。

对于左右分设的帘布，则滑道可在帘布交接处进行交错布置，如图 3-33 所示。

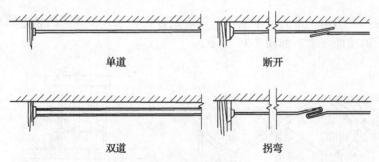

图 3-33　窗帘滑道的布置

1.2　门窗的类别

门窗的种类很多，具有不同的特点，适用于相应的空间环境。现按门窗的开启方式、用料的性质、门窗的特殊功能要求进行分类，介绍相应的特点以及适用对象。

1.2.1　门窗的开启类别

（1）门

1）平开门

平开是指门扇以自身的侧边为轴线，在水平面上转动，完成开启或封闭的功能要求，如图 3-34 所示。

平开门是日常生活中最常见的一种门。按照门扇的开启角度，有 90°、正向 180°、侧向 180° 等几种。

平开门根据门扇开启的室内外位置而有所区别：朝室内开启，叫做内平开门；朝室外开启，叫做外平开门；室内外均可开启的叫做内外平开门，如图 3-35 所示。

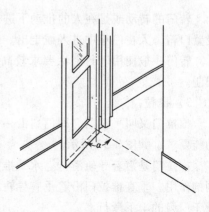

图 3-34　门的平开

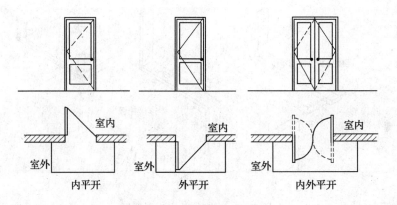

图 3-35 平开门的开启形式

平开门的门扇一般都是依靠铰链固定，采用弹簧铰链则可以实现自动关闭的功能要求。

2）转门

转门多为几个门扇，常为三个或四个门扇组合在一起，按共同的竖直轴水平旋转，完成开启或关闭的功能要求，如图 3-36 所示。

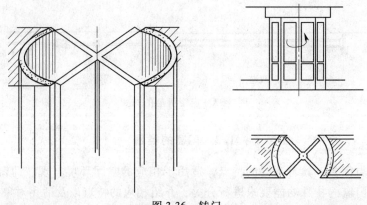

图 3-36 转门

转门的转动或是在人的推动下进行，或是在机电设备的驱动下进行。转门的位置必须设置门箱，人在门箱中进入或走出。

转门一般使用于封密性要求较高的房间入口处，并且大件物品的进出会受到较大的限制。

3）推拉门

推拉门又叫平移门，即门扇沿一个方向左右或上下移动，以完成门扇的开启或关闭的功能要求，如图 3-37 所示。

推拉门是沿着导轨滑行。水平推拉门扇常悬吊在上导轨下面，下导轨仅起着限位与控制的作用。垂直推拉门沿着垂直导轨滑行，有时设置相应的平衡锤，以平衡门扇的自重，便于门扇的上下滑行。

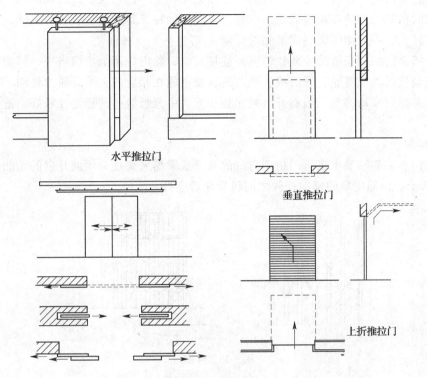

图 3-37 推拉门

推拉门不占用门扇的开启与关闭面积。门扇的制作工艺简单，但对所使用的导轨等五金要求较高。

推拉门一般用于门扇开关不频繁的出入口。

4）折叠门

折叠门是用折叠组合门来实行开启功能要求的门，如图 3-38 所示。

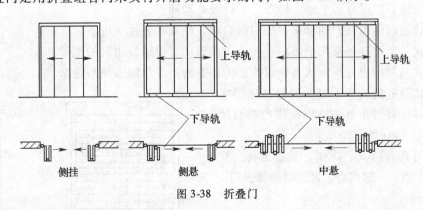

图 3-38 折叠门

折叠门一般有三种形式：侧挂、侧悬和中悬。

侧挂折叠门的门扇侧边使用铰链连接起来，后一个门扇挂在前一个门扇的侧边，一般情况下只能侧挂一个门扇。开关时像普通的平开门，依靠入地插销固定关闭位置。此种门不适用于宽大的门洞。

侧悬折叠门的门扇侧边使用铰链两两连接起来，上下侧边设置滑块或滑轮，门扇在开启或关闭时滑块或滑轮在相应的轨道中移动。此门的特点是开关比较省力灵活，但占用的单面空间较大，一般用于大空间的临时分隔。

中悬折叠门的门扇侧边使用铰链两两连接起来，除门口两个小门扇外，门扇顶面及底面的中间设置滑块或滑轮，开启或关闭时滑块或滑轮在相应的上下导轨中移动。此门的特点是推动一扇可牵动多扇，因而开关时比较费力。中悬折叠门的稳定性较好，适用于宽大的门洞。

5）伸缩门

伸缩门在一侧移动中依靠门扇中自身的张开或紧缩来实现关闭或开启的功能要求，如图3-39所示。伸缩门扇的竖向杆件之间设置活动连杆。

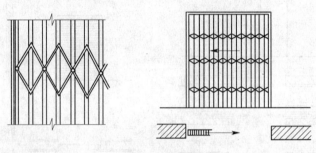

图3-39 伸缩门

伸缩门的移动都在导轨中进行，大型的伸缩门扇下装有滑轮组，在电机的驱使下实行自动开启与关闭。

伸缩门具有较好的防卫性能，故一般用于需要防卫的门洞口。

6）卷帘门

卷帘门门扇中的组成杆件呈铰链连接，因而具有像帘布可卷起和张开的特性。卷帘门扇的上方常固定于洞口上方的卷轴上，顺着门洞口两侧的导轨上下滑行。

卷帘门的开启可分为手动、链条、摇杆及电动四种。

手动式是利用弹簧、轴承来平衡门扇自重，门扇不宜过大过重。

链条式是利用链条及几个不同直径齿轮的转动，以减轻闭启的重量。

摇杆式是利用摇杆及伞状齿轮以改变传动方向，令启闭方便与轻松。

电动式是电机装于上部，通过减速器实行启闭，并配有链条开关，以便停电时启闭操作，如图3-40所示。

卷帘门具有防火、防盗、开启方便、坚固耐用的优点，一般作为平常门扇的加设门。

7）上翻门

上翻门有些类似于卷帘门，开启时自行弯曲处于门洞的上部顶棚底部空间，不占用房间的使用面积，或上翻后支撑在门口上部空间，如图3-41所示。

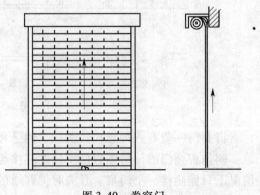

图3-40 卷帘门

图 3-41　上翻门

上翻门一般由门扇、平衡装置、导向装置三部分组成，其中平衡装置一般采用重锤或弹簧两种方式，其启闭为手动或手动与电动自控。上翻门对五金及安装工艺的要求较高，常作为车库门。

8）固定门

固定门为不能开启的门扇，仅作为采光或装饰效果而设置的门，常处于能够启闭门扇的两侧或中间。固定门不设单独的门扇，常在门框上直接镶嵌相应的透光、透风等装饰材料，形成类似门扇的视觉效果。

（2）窗

窗的开启方式多种多样，并且与相应的门扇开启比较类似，主要有以下几种。

1）固定窗

不设开启窗扇的窗，叫做固定窗。固定窗的部位一般没有窗扇，常在相应的窗框处镶嵌透光或通风材料或杆件，如玻璃、百叶片等，以达到相应的设计要求。

整体式固定窗一般少见，仅在全部采用空调设施的房间中才采用。比较多的做法是在开启窗户中设置部分固定窗面，以控制房间的空气流量，或有利于开启窗扇的组织与安排。

2）平开窗

窗扇的侧边为垂直轴线，在水平面上旋转而实行关闭或开启功能要求的窗，叫做平开窗，如图 3-42 所示。仅可向室外开启的平开窗，叫做外平开窗；仅可向室内开启的平开窗，叫做内平开窗。外平开窗不占用室内空间，围护性好，但窗扇的自然老化程度高；内平开窗要占用室内空间，且围护性较差，故用的较少。

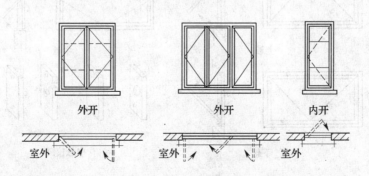

图 3-42　平开窗

平开窗的一侧一般依靠铰链与框梃连接，相邻两个窗扇的接触面，应做成高低裁口或斜边接口，以增强扇边的围护与密封能力。

3）立旋窗

窗扇以中部的竖直线为轴线进行旋转而实现启关功能要求的窗，叫做立旋窗，如图3-43所示。

立旋窗扇依靠扇中间上下冒头的支承轴与框上下冒头中的支承座连接，一般做成可卸式的搁置固定。框与扇之间、扇与扇之间应有密封裁口结合处理。

立旋窗在开启时要占用室内的部分空间，且视觉效果显得繁杂，故使用得比较少。

4）扯窗

扯窗又叫推拉窗，即窗扇沿着扇顶和扇底的导轨滑行实现开启与关闭的功能要求，如图3-44所示。

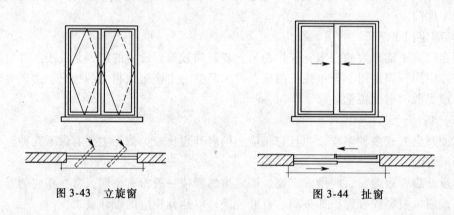

图3-43 立旋窗　　　　　图3-44 扯窗

扯窗窗扇一般在框中为装卸式固定，其结构简单，不占用室内空间，故得到了广泛的应用。但减少了通风的面积，影响了自然空调的能力。

5）悬窗

悬窗是把窗扇悬挂使其在水平方向可以旋转的窗，悬窗有上悬、中悬、下悬等多种方式，如图3-45所示。

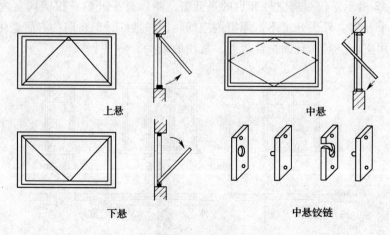

图3-45 悬窗

窗扇的上冒头与框依靠铰链连接起来，以扇顶为旋转轴线的窗叫上悬窗，常做成向室外悬翻，故开启时不占用室内空间，且防雨性能较好。但是存在着一定的对室内影像的反射作用，故影响了房间的私密性。

窗扇的下冒头与框依靠铰链连接起来，以扇底为旋转轴线的窗叫下悬窗，常做成向室外悬翻，故开启时不占用室内空间，但防雨性能较差，且室外杂物灰尘容易从洞口进入室内，故用得较少。

窗扇的两边梃与框梃之间，依靠翻窗铰链连接起来，以扇梃的中间为旋转轴线的窗叫做中悬窗。中悬窗的窗扇常为上部向室内倾旋、下部向室外倾旋，具有适中的围护效果，故使用得比较广泛。

窗的开启方式主要为上述几种。对于面积较大的窗樘，一般不会使用单一的开启方式，往往根据整体的功能要求，采用多种开启方式，如图3-46所示。

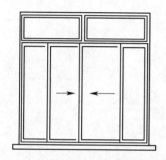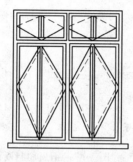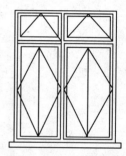

图3-46 窗的开启方式组合举例

1.2.2 门窗的材料类别

门窗的用料现在主要为木材、钢材、铝合金、塑料及玻璃等几种，习惯上以制成门窗的材料来命名，当同时采用几种材料时，则以其中主要骨架的组成材料来命名。

（1）木门窗

以木材为主要骨架材料制成的门窗称为木门窗。木门现在使用得比较多，木窗使用得比较少。

用以制作木门窗的木材料质要求为：木材容易干燥、干燥后不变形不开裂、加工性好、油漆胶粘性良好，并具有一定的材色与较好的木纹组织。选用的树种为：黄杉、铁杉、云杉、冷杉、油杉、柏木、华山松、白皮松、红松、广东松、槭木、紫椴、大叶桉、水曲柳、核桃木、桦木、香樟、榉木、栗木、楠木等。木材的含水率必须控制在规定的数值之内，以免在使用环境中干缩变形过大。

传统的木门窗以原体板材或方材直接制作，故有时称实木门窗，而现代装饰中大量使用人造板材或方材，以提高木材的使用效率和改善原体木材的性质。

传统的木门窗杆件之间主要采用榫结构连接，虽工艺性高，但费工费料。现代装饰中大量采用粘胶与销钉连接，达到了施工简便的目的。

对于木门窗的结构组成，在前面已讲到，在此不再重复。

（2）钢门窗

以专用的型钢制作成的钢骨架门窗叫做钢门窗。

钢门窗与木门窗相比，在坚固性、耐火性及自身的密闭性方面比木门窗好，尤其是钢窗的窗框与窗扇的用料尺寸小，比木窗的透光面积大，外观较整齐美观，现今基本上取代了木窗，作为主要的使用品种。然而，由于钢门窗的导热系数较大，保温性能较差，在潮湿及腐蚀环境中容易锈蚀，且日常的维护保养要求较高，故用于外墙围护部位有一定的问题。所以，有的地方对钢外门、钢外窗的使用有一定限制。例如，上海地区规定民用建筑中不应使用钢窗，建议采用铝合金或塑料窗。

钢门窗的用料一般按国家标准门窗设计选用。框和扇的用料一般有两类：实心标准门窗料、空腹薄壁钢窗料。图3-47为钢窗用料的断面图。

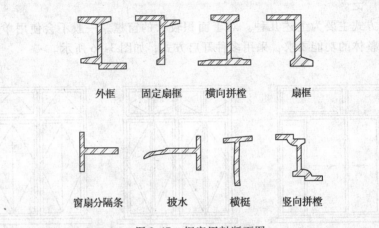

图3-47 钢窗用料断面图

相应的钢窗构造组成与安装节点如图3-48、图3-49所示。

民用建筑的钢窗开启方式多用平开式或平开与固定相结合的形式，亮子多用外撑上悬式。

钢窗标准图中列有各种基本窗型的立面图供设计或施工中使用，一般窗洞口高度在2400mm以内，宽度在1800mm以内。

钢窗框与墙体的连接是在框的四周每隔500~800mm装一燕尾形钢脚或乙形钢脚，安装时将钢脚埋入墙边侧或梁底相应的孔内，然后用细石混凝土或1∶2的水泥砂浆灌嵌密实，也可以将钢脚与相应的预埋件焊接。

钢门的门扇，可以半扇玻璃半扇钢板，也可以大部分玻璃而仅留少许钢板，也可以满镶钢板。门芯板常用2~3mm厚的薄钢板。门芯板与门框、冒头的连接，常以四周镶扁钢或钢皮线脚焊牢，或做双面钢板与门的框料齐平。钢门一般设置下槛，以控制门扇洞口下部尺寸防止变形。

(3) 塑料门窗

以塑料型材制成骨架体系的门窗叫做塑料门窗。门窗的塑料型材，是以聚氯乙烯、改性聚氯乙烯或其他树脂为主要原料，轻质碳酸钙为填料，添加适量助剂和改性剂等，经双螺杆挤压机挤压成各种断面形状，再根据不同的门窗设计需要选择不同断面形状的型材组装而成。因塑料的变形大、刚度差，有时在型材的空腔内加入型钢，以增加抗弯曲能力，这种加入型钢的塑料型材叫做塑钢型材，使用塑型钢材制成的门窗，叫做塑钢门窗，故塑钢门窗是塑料门窗中的一种类型。

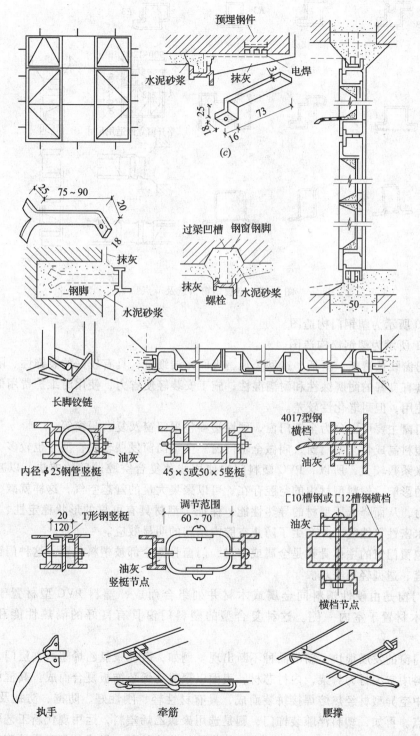

图 3-48 实腹钢窗构造及安装节点

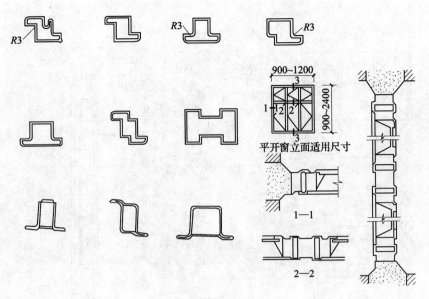

图 3-49 空腹钢窗构造及节点

图 3-50 所示为塑钢门构造图。

图 3-51 所示为塑钢窗构造图。

塑料门窗线条清晰、挺括，造型美观，表面光洁细滑，具有较好的装饰性、隔热性和密封性。具有良好的耐腐蚀性和耐潮湿性，施工安装轻便省力，使用时维护费用低，故获得广泛的使用，但耐老化性较差。

塑料门窗主要可以分为全塑门窗、硬性塑料包覆门窗及复合门窗等。

仅用塑料制成骨架的门窗，叫做全塑门窗。全塑门窗发展较快，型号也较多。由于塑料的线膨胀系数较大，所以，PVC 塑料门窗使用浅色复合空腔薄壁的方法，以减弱膨胀系数较大的影响。塑料型材中的空腔存在，可以聚集大量的静态空气，这样就减少了热量传导的能力，从而降低了型材的导热性能，保证了型材具有可靠的形状稳定性、隔热性、气密性和水密性等性能，并产生了防止空腔内结露的明显效应。

塑料包覆门窗的主体骨架是金属或木材，门窗骨架全部被塑料包覆。这种门窗的特点是表面无缝、造型轻巧美观。

复合门窗是由硬性塑料同金属或木材并列组合而成，塑料 PVC 型材置于室外一侧，钢或木材置于室内一侧。这种复合型的塑料门窗具有良好的隔热性能和形态稳定性。

塑料门窗的发展很快，新的品种不断出现。例如，改性聚氯乙烯塑料夹层门，采用聚氯乙烯塑料中空型材为骨架，内衬芯材，表面以聚氯乙烯装饰板复合而成。其框由抗冲击聚氯乙烯中空异型材经热熔焊接拼装而成，具有材性轻、刚性好、防霉、防蛀及耐腐蚀、耐燃的特点。再如，塑料浮雕装饰门，则是选用聚氯乙烯塑料，运用现代新工艺取代传统的雕刻工艺，以木材为基材，把塑料浮雕作为饰面装饰处理，做成的门不需油漆就能呈现出光亮洁净的艺术效果，给人强烈的新奇感和时代感。

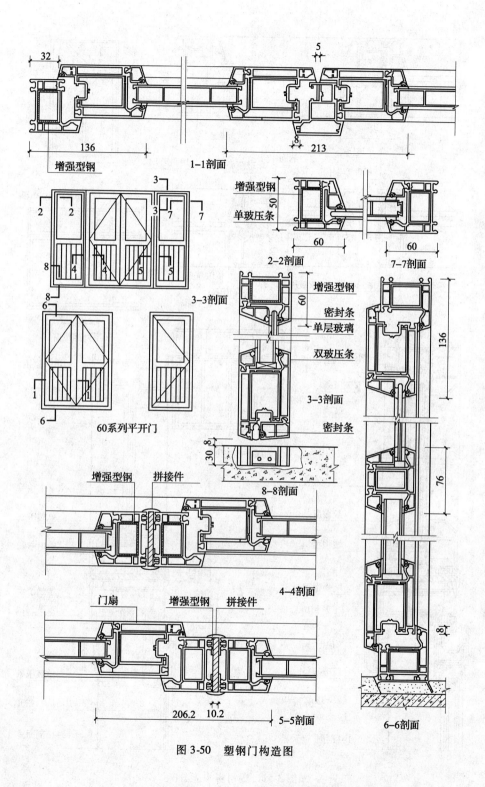

图 3-50 塑钢门构造图

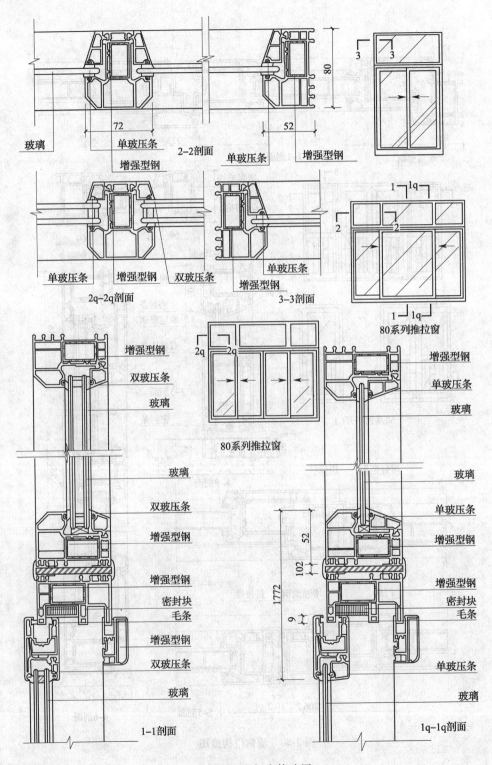

图 3-51 塑钢窗构造图

塑料门窗制作中，各杆件之间比较多的是用焊接方法连接。塑料杆件之间的焊接方法比较多，如超声波焊接、线震动焊接、施压焊接、无线电频率焊接、电磁感应焊接、激光焊接、热气体焊接、热板焊接等。对聚氯乙烯型材多采用热板焊接，可获得较高的焊接强度。热板焊接原理是将待焊杆件紧贴于被加热的铝合金焊板的两侧，在一定的温度下杆件焊接端熔融，而后用外力作用使两杆件对接，冷却后便结合成一体。热板焊的焊接温度一般为240~260℃，熔融和焊接时间为30s左右。

对于部分型材杆件之间的连接，可以在拼接处杆件的内腔设置连接板，采用自攻螺钉进行接合。

塑料门窗根据使用要求一般应进行密封构造处理。其处理方法有单层密封、双层密封、三层密封几种，它们都是采用相应的密封条而达到密封的目的。密封条装配比较简便，用一小压轮直接将其嵌入相应的槽口中即可。密封条的材料一般有橡胶、塑料或橡塑混合料三种。

塑料门窗框与墙体之间的固定，一般是通过固定片连接的，即在固定片与框之间采用自攻螺钉连接，待门窗在相应的洞口中就位校正后，使用射钉等手段将其固定在洞口砖墙或混凝土上，并在侧边空隙处填嵌保温气密材料。图3-52为塑料门窗安装的部分节点图。

(4) 铝合金门窗

采用铝合金型材制成骨架结构的门窗，叫做铝合金门窗。

铝合金门窗质量轻，气密性、水密性、隔声性、隔热性等密封性均比木门窗和钢门窗好，型材经表面处理后不但色彩美观，而且耐腐蚀性强，坚固耐用，不需油漆，日常维护费用低，因而得到了大量的推广使用。然而，其价格高，配备零件及密封件品种较多，制作技术比较复杂。

铝合金门窗在出厂前一般须经过严格的性能试验，达到规定的技术性能指标后，才能运到现场安装使用。现以铝合金门窗为例，介绍相应的主要性能考核要求：

强度　铝合金门窗的强度是用压力试验箱内的对门窗进行压缩空气加压试验时所加风压的等级来表示的。一般性的铝制窗可达1961—2353Fa，高性能铝制窗为2353—2746Fa。其测定标准为：在上述风压作用的窗扇，中央最大位移量应小于框内沿高度的1/70。

气密性　铝合金门窗在压力试验箱内，当窗或门的前后形成一定压力差时，其每$1m^2$面积每1h的通气量（m^3），叫做气密性，单位为$m^3/(h \cdot m^2)$。此数值越大，则气密性越差，反之则气密性越好。一般性能的铝合金门窗，当前后压力差为1000Pa时，气密性应在$8m^3/(h \cdot m^2)$以下，高密封性能的铝合金门窗，应在$2m^3/(h \cdot m^2)$以下。

水密性　铝合金门窗在压力试验箱中，对门窗的外侧加入周期为2s的正弦波脉动压力，同时以$4L/(m^2 \cdot min)$的淋水量向扇面做人工降雨，经连续10min的风雨交加试验，在室内一侧不应有漏水或渗水现象。水密性的技术指标为试验时旋加的脉冲风压平均压力，一般性铝合金门窗为343Pa。抗台风时的高性能铝合金门窗应在490Pa以上。

开闭力　当装好玻璃后，窗扇开启或关闭所需的外力应小于49.0N以下。

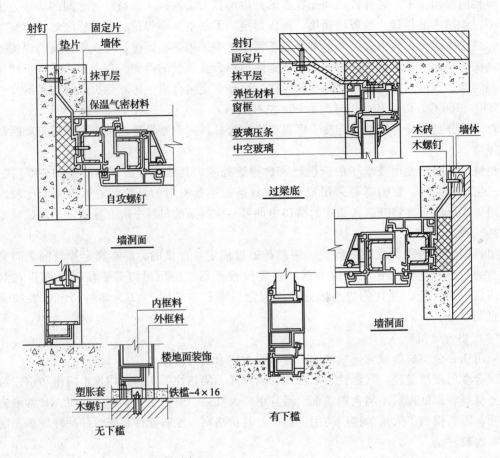

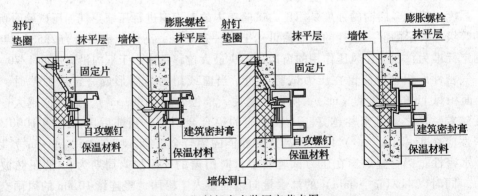

图 3-52 塑料门窗安装固定节点图

隔声性 在音响试验中对门窗的透过损失进行试验,当音响频率达到一定值后,门窗的音响超过损失趋向恒定,根据这个规律可确定门窗的隔声性能曲线。有隔声要求的铝合金门窗,音响透过门窗后声波可降低 25dB,高隔声的铝合金门窗音响透过门窗应降低 30~45dB。

隔热性 通常用窗的热对流阻扰值表示隔热性能。一般分成三个等级:

$R_1 = 0.05\text{m}^2 \times h \times ℃/\text{kJ}$,$R_2 = 0.06\text{m}^2 \times h \times ℃/\text{kJ}$,$R_3 = 0.07\text{m}^2 \times h \times ℃/\text{kJ}$。采用 6mm 双层玻璃高性能的隔热窗，热对流抗阻值可达到一级水平。

铝合金门窗在施工现场安装施工有三种情况：一种是将生产好的门窗型材和配件直接送输到工地，在施工现场进行断料、拼装，制成设计规定的门窗，然后安装到设计位置上。一种是在厂里按设计要求进行配料、断料，加工成有关的框、扇料，之后把框、扇料及有关的配件发送到现场，在工地上拼装后再安装到设计要求的位置上。一种是在厂里把门窗制作好后经适当的包装运到工地，然后直接安装到设计位置上。一般根据门窗工程量的多少和施工条件，选用相应的制作与安装施工方式。

铝合金门窗的拼装中，一般使用连接板、自攻螺钉、铝铆钉进行杆件连接与固定。

框与墙体的固定，除了依靠连接板的方法，还有直接固定与假框固定等几种方法，如图 3-53 所示。

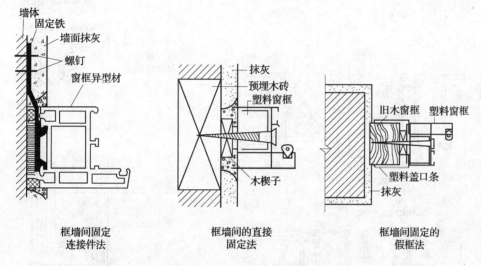

图 3-53 框与墙的固定方法

铝合金门窗框不得与水泥砂浆或混凝土相接触，以免发生电化腐蚀作用，所以铝制品与水泥之间须用绝缘材料（如塑料制品等）隔开。

图 3-54 为铝合金双扇平开窗结构图。

图 3-55 为铝合金双扇推拉窗结构图。

图 3-56 带纱窗的铝合金推拉窗结构图。

（5）玻璃门窗

这里的内容涉及两个方面：一是安装于木门窗、钢门窗、塑料门窗、铝合金门窗上的玻璃工程施工的有关内容；二是以玻璃为主要门窗材料的门窗工程。

1）玻璃的基本知识

玻璃是由石英砂、纯碱、长石及石灰等原料在 1550~1600℃ 高温下熔融后经拉制或压制而成的。如在玻璃中加入某些金属氧化物、化合物，或经过特殊的工艺处理后，可制得具有特殊性能的特殊玻璃。门窗工程中主要采用的为平板玻璃、压花玻璃、夹层玻璃和中空玻璃等几个类别。

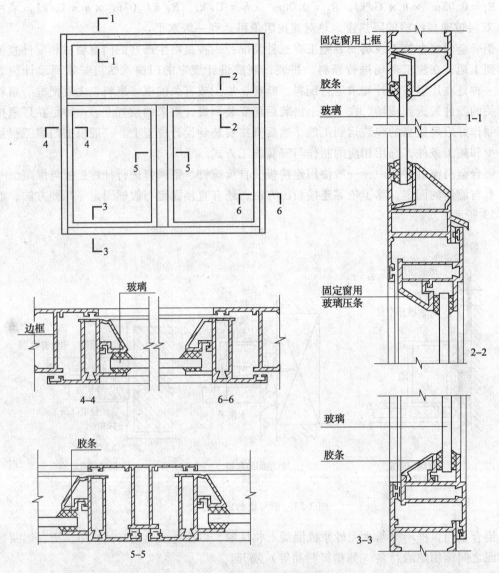

图 3-54　铝合金双扇平开窗结构图

平板玻璃是门窗工程中用量最多的类别，一般采用浮法生产，故玻璃板面比较平整与光洁。一般将普通窗用玻璃、磨光玻璃、磨砂玻璃、彩色玻璃均列入平板玻璃中。

普通窗用玻璃亦称白玻璃、单光玻璃、镜面玻璃，俗称玻璃。属于钠类玻璃，并未经研磨加工的原产成品，具有较好的透明度和表面平整度，不应含有影响视觉效果的缺陷，按外观质量分为特选品、一级品、三级品三个等级。玻璃的厚度有 2、2.5、3、4、5、6、10、12mm 等几种规格。窗用玻璃的使用量，其计量单位为标准箱或质量箱，即厚度 2mm 的窗用平板玻璃每 10m² 为一标准箱。或 2mm 厚的平板玻璃每一标准箱的质量为一质量箱，对于其他厚度的平板玻璃，则通过折算而计算出相应的标准箱或质量箱。例如，4mm 厚的平板玻璃，每一标准箱为 4m²；或 10m² 的 4mm 厚的平板玻璃，折合为 2 质量箱。至于以 m² 为计量单位，仅在用量不大的情况下才采用。

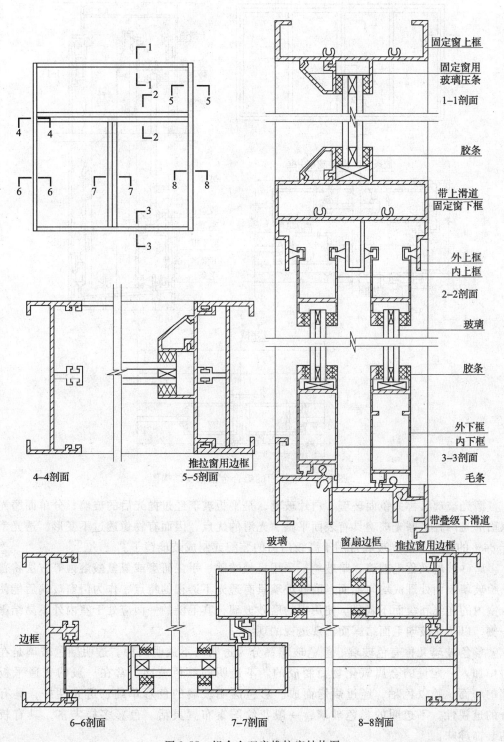

图 3-55 铝合金双扇推拉窗结构图

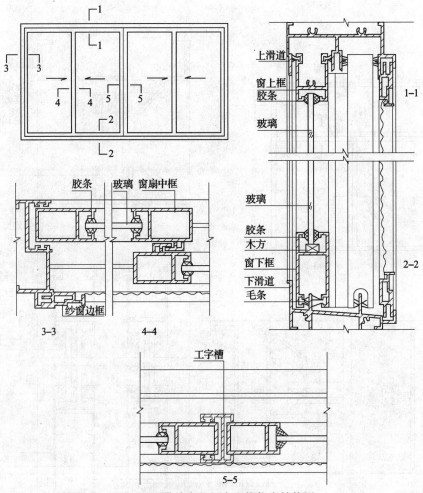

图 3-56 带纱窗的铝合金推拉窗结构图

磨光玻璃又称为镜面玻璃、白片玻璃,是平板玻璃经过抛光后的玻璃,分单面磨光和双面磨光两种。磨光玻璃具有表面平整、光滑的优点,因而有物像透过不变形,透光率大于84%的性能。磨光玻璃常用于高级门窗的装配或制成玻璃镜子。

磨砂玻璃又称毛玻璃、暗玻璃,采用机械喷砂、手工研磨或氢氟酸溶蚀等方法将普通平板玻璃表面处理成均匀毛面。磨砂玻璃具有透光不透视的特点,作为门窗玻璃后能使射入室内的光线和缓而不刺目。使用中的磨砂玻璃,其毛糙的一面应处于室内外不易结露的一侧,以防止玻璃毛面结露而出现透视的现象。

彩色玻璃又称有色玻璃、颜色玻璃,分为透明与不透明两种。透明颜色玻璃是在原料中加入一定量的金属氧化物而制成的。不透明的颜色玻璃,常在一般的普通平板玻璃的一面,喷以色釉,经过烘烤而成。彩色透明玻璃的色彩单纯、透光性好,具有部分的透视性。不透明的彩色玻璃,一般花纹图案布置灵活、色彩多样丰富,具有较好的装饰趣味。

压花玻璃又称花纹玻璃或滚花玻璃,它是采用连续压延法生产的。在生产过程,若将玻璃液着色,或对压花的一面使用相应的金属氧化物进行表面喷涂处理,能产生立体感丰富、色彩多样的压花玻璃。有时为了取得更好的艺术效果，对玻璃板进行两面压花处理。压花玻璃在使用中透光而物像模糊，花纹图案呈现典雅晶莹，可以形成良好的装饰效果。

夹丝玻璃是在制作时在平板玻璃中间嵌夹钢丝网片，具有破碎而不易掉落玻璃屑的特点，一般用在有安全防护要求的地方。

吸热玻璃是一种能吸热和具有透光性的平板玻璃。吸热玻璃的制作方法有两种：一种是在玻璃原料中加入极微量的着色金属氧化物（如氧化铁、氧化镁、氧化镍等）之后，就变成了呈淡色的具有较高吸热性能的吸热玻璃；另一种是在玻璃表面喷涂氧化锡、氧化铁、氧化锑、氧化钴等着色氧化物薄膜，形成薄膜的吸热玻璃。吸热玻璃按颜色分为灰色、茶色、蓝色、绿色、铜色、粉红色、金色、棕色等，具有良好的多样装饰色彩，且颜色稳定，使透过的阳光变得柔和，有效地改善了室内色彩。

钢化玻璃又称为强化玻璃，它是利用加热到一定温度后迅速冷却的方法进行特殊处理的玻璃，也可以采用其他化学方法进行处理而获得。钢化玻璃与同厚度的普通玻璃相比，具有较高的强度和热冲击性。其破碎后不含产生锐利尖角的碎块，因而具有良好的安全性。

夹层玻璃是安全玻璃的一种，是在两片或多片玻璃之间嵌夹透明塑料薄片，经热压粘合而成的平面或弯曲的复合玻璃制品。夹层玻璃的品种很多，有减薄夹层玻璃、遮阳夹层玻璃、电热夹层玻璃、隔声夹层玻璃、防弹夹层玻璃、防紫外线夹层玻璃、玻璃纤维增强夹层玻璃、装有无线电天线的夹层玻璃等。夹层玻璃中由于塑料衬片的粘合作用，故抗冲击强度高、不易被击碎，玻璃破碎是仅产生辐射状裂纹，无碎片飞散，并使用不同的玻璃原片和相应的衬材可以获得耐光、耐热、耐湿、耐寒等不同特性的夹层玻璃。

中空玻璃是由两层或两层以上的平板玻璃构成，四周用高强度、高气密性密封复合胶粘剂，将两片或多片玻璃与密封玻璃条粘结、密封，中间充入干燥气体，框内充以干燥剂，以确保玻璃间空气的干燥度，如图3-57所示。可以根据设计要求选用不同的玻璃原片，如透明浮法玻璃、压花玻璃、彩色玻璃、夹丝玻璃、钢化玻璃等，制成相应的各种不同的中空玻璃。如果在外侧玻璃中间空气层侧面，涂上一层热反射性能好的金属膜，则可以截止相当一部分射向室内的阳光，具有良好的隔热效果，这种涂膜的中空玻璃叫高性能中空玻璃。

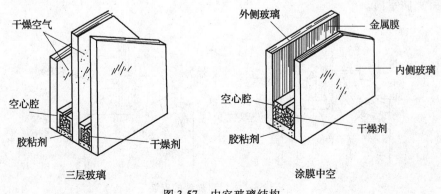

图3-57 中空玻璃结构

2）玻璃的裁割

一般玻璃都可以使用玻璃刀进行裁割，但对于钢化玻璃、夹层玻璃、中空玻璃不能进行裁割，其形状和尺寸只能在相应的工厂中按设计要求定型制作。在这里所讲的主要是对平板类的玻璃进行裁割。

裁割前，应对玻璃进行检查，查看玻璃的品种规格是否合乎设计要求，外观质量是否符合有关的标准。当检查合格后才可进行裁割工作。

一般的门窗玻璃，宜采用集中裁配的方法，各种不同规格和尺寸的玻璃片可以进行合理套裁，达到提高出料率，减少损耗率的目的。

玻璃片的裁割尺寸，应比设计尺寸或实际尺寸各缩小一个裁口宽度的1/4，常为2~3mm，其留缝宽度过大，则玻璃容易松动；其留缝宽度过小，则玻璃安装困难，容易破碎。

裁割厚玻璃及压花玻璃时，须在裁割处涂刷煤油，然后裁割。裁割夹丝玻璃时除了涂刷煤油外，在向上回板前应在断缝中嵌入硬化板条，就能在向上回板时将金属丝扭断。夹丝玻璃裁割后，其断面应刷防锈涂料。裁割压花玻璃、彩色图案玻璃时，应进行图案与花饰的对样，拼缝处的花纹应吻合，不得发生错位、斜曲的现象，对裁割好的玻璃片要进行编号。冬期施工中，应将玻璃从寒冷处运到暖和处让其变暖后再裁割。所裁割的玻璃片，其边缘不得有缺口和弯曲，否则须整修合格后方可使用。

3）玻璃的安装施工

玻璃的安装因门窗的用料不同而有所区别。

木门窗的玻璃安装　木门窗的玻璃安装构造有木压条固定和油灰固定两种，如图3-58所示。安装玻璃前，应沿企口的全长均匀涂抹1~3mm厚底灰，然后把玻璃放置于洞的企口上，并推压玻璃片压油灰直到溢出油灰至板面平整为止。如用钉子或木条固定，则钉距不得大于300mm，所使用的木压条应事先涂刷干性油，在木压条设置一侧先涂抹油灰，再把木条压入，然后再用钉或木螺把压条固定，最后将多余的油灰清除干净。如用油灰固定，则在企口处玻璃的另一侧面批上油灰，且沿企口填实抹光，令其和原来铺抹的油灰成为一体，依据企口面的高度切出油灰面，去除多余的油灰，最后用括刀抹光油灰面，油灰面通常要经过7d以上干燥后，才能进行涂装施工。拼装压花玻璃、彩色图案玻璃时，应按设计要求进行对缝安装，以免发生错位的现象。在冬期施工中，从寒冷处送到暖和处的玻璃片，应在其变暖后方可安装。安装中的压花玻璃、磨砂玻璃的朝向应合乎设计要求。一般磨砂玻璃的磨砂面应向室内，压花玻璃的花纹面宜向室内。

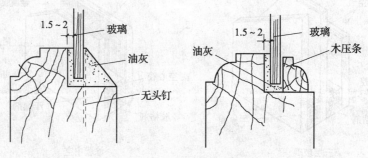

图3-58　木门窗玻璃的安装

钢门窗的玻璃安装 一般的钢门窗玻璃固定构造如图3-59所示，常为钢丝弹簧夹和油灰固定。钢丝弹簧夹的间距不得大于300mm，且每边玻璃片的一边不得少于两个。在玻璃片的两侧，应批嵌油灰，以增加密封性。一般的安装要求，基本与上木门窗玻璃安装的情况相同。对于顶棚天窗玻璃的安装，常使用夹丝玻璃或钢化玻璃，玻璃盖叠处用钢丝卡固定，并在盖叠缝隙中垫油绳，以防锈油灰嵌塞密实，玻璃叠接长度随流水的坡面而定，一般坡度大于25%，则为≥30mm；坡度小于25%，则为≥50mm。

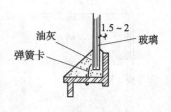

图3-59 钢门窗的玻璃安装构造

铝合金、塑料门窗玻璃的安装 铝合金、塑料门窗中的玻璃固定，一般不使用油灰，而是采用硅酮系列密封胶或橡胶压条进行固定，其安装示意如图3-60所示。玻璃安装就位前，应清除玻璃槽口内的灰浆、异物等，畅通相应的排水孔，当使用密封胶前，必须使接缝处的玻璃、金属或塑料的表面干燥与清洁。对于小块玻璃片，可以用双手夹住玻璃就位于框中；对于大块的玻璃片，应预先在框的槽口中摆好搁置垫块，然后采用玻璃吸盘将玻璃片就位。玻璃就位后，应前后垫实，使缝隙一致，镶上有关的压条。玻璃片就位后，其边缘不得和框、扇及其连接件相接触，所留间隙应符合国家有关标准的规定。玻璃就位后，必须及时进行固定。对于凹槽镶嵌玻璃的构造形式，可把橡胶压条靠严挤紧，或将橡胶条卡紧，然后再在橡胶条上面注入硅酮系列密封胶，或是用10mm左右长的橡胶块将玻璃挤住，然后用打胶筒注入硅酮系列密封胶。注入的密封胶要均匀、光滑，胶的颜色应与玻璃颜色相似，注入的深度不宜小于5mm。注胶后须保证在24h内不松动，才能保证胶结的密封性和牢固性。

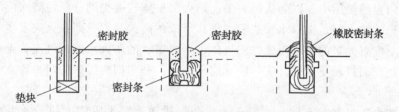

图3-60 塑料、铝合金门窗玻璃的安装构造示意图

对于特殊性质的玻璃安装，应遵循相应的操作规定，以确保其安装质量。特殊玻璃的安装施工，一般由玻璃生产厂家相应的施工队伍承担，这样容易达到规定的质量标准。

4）全玻璃门窗

由玻璃自身构成门窗扇主体结构的门窗，叫做全玻璃门窗。全玻璃门窗的透光透视性能好，具有新颖、光洁、明亮的装饰效果。全玻璃门窗的结构简单，图3-61为全玻璃门窗结构简图。

全玻璃门窗的玻璃一般采用钢化玻璃，且厚度较大，门扇玻璃厚度不小于10mm，窗扇玻璃厚度不小于5mm。在扇的上下安装铰链部位设置不锈钢饰件。作为玻璃与铰链的连接件，有关的五金零件一般为使用粘胶固定。

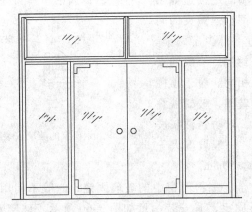
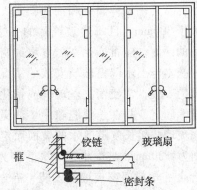

图 3-61　全玻璃门窗结构简图

1.2.3　特殊门窗

除了通行、通风与采光功能外，还应具有特殊功能要求的门窗，叫做特殊门窗，主要为防火与保温及隔声的门窗。

（1）防火门窗

防止火灾从开口部蔓延到设防范围的门窗叫做防火门窗。防火门窗设在防火墙中，与相应的楼地层、顶棚组成相应的防火体系。在设计中，防火门窗均配置自动关闭控制，如装设热熔保险丝，一旦火灾发生，热量就将保险丝熔断，自动关锁装置就立即开始动作，将防火门窗关闭进行区域隔断，不使火灾范围蔓延扩大，达到防火的目的。

在防火门窗的使用中，以防火门为多。防火门根据构造类别分隐性防火门与实体防火门两大类。隐性防火门是指以水幕或阻燃气幕形成的防火装置，即在火灾发生时，门洞口上部自动向下喷射大量的水或阻燃性的气体，形成帘状的防火水流或气流，阻止火灾区域的火与烟气超越洞口而蔓延开。实体防火门即是由门框与门扇组成的门，也就是平常所称的防火门。

防火门按制作材料的不同，一般有木质和钢质两种。木质防火门，是用木材制成的门，在木质表面涂以耐火涂料，或用装饰防火胶板贴面，以达到防火的要求，此种门防火性差一些。钢质防火门采用普通钢板制作，在门扇夹层中填入石棉等耐火材料，以达到防火的要求，此种门防火性能较好。目前，国内的生产厂家所生产的防火门，其大小尺寸、防火等级均应采用国家有关的标准规定。

防火门的防火等级实际上是耐火极限能力。耐火极限是按研究实验所规定的火灾升温曲线，对建筑物件进行耐火试验，从受到火的作用时起到失掉支撑能力或发生穿透、裂缝或背火一面温度升高到220℃时，所需要的时间，用小时（h）表示。按耐火极限分，耐火门的 ISO 标准中分有甲乙丙三个等级。甲级耐火门，耐火极限为 1.2h，一般为全钢门，门上不设玻璃窗；乙级耐火门，耐火极限为 0.9h，为全钢门，门上可设玻璃窗，玻璃选用 5mm 厚夹丝玻璃或耐火玻璃；丙级耐火门，耐火极限为 0.6h，为木质门或钢木组合门，在门上开一小玻璃窗，玻璃选用 5mm 厚的夹丝玻璃。

防火门窗的安装中，必须使门窗框与墙体结合牢固，扇开关自由轻便，不得有过紧过松和反弹现象，扇关闭后相应的缝隙应均匀平整。

安全门是相对于危险区域而言的，用于在发生火灾时需将人流快速而安全疏散到无危险区域的出口中。安全门的大小根据紧急疏散时间要求而定。安全门扇的开启方向应朝着安全区域的地方布置，门扇容易开启，相反则有可能因拥挤而使门扇形成关闭状态，如图3-62所示。

（2）保温隔热门窗

从建筑上讲，保温与隔热是两个概念，保温是指使室内的温度保持一定的温度而对围护结构采取的构造措施，隔热是阻止外部环境的热量不进入室内而对围护结构采取的构造措施，这二者的目标不同，因而采取的构造措施相应也有所不同，反映在门窗的结构上也有些区别。

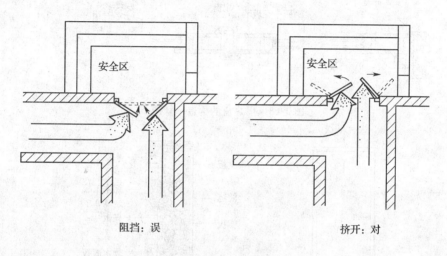

图3-62 安全门的开启方向

热量的传递方式有辐射、传导及对流三种方式，采取的保温隔热的途径有反射、低导热材料的采用及密封体系的组成三个措施。

隔热门窗的设置目标，一般是不使室外的热量传入室内的使用空间，故常采用吸热玻璃，以反射或吸收太阳光线的太阳热能，选用导热系数低的材料制作门窗，如空腔型材、中空玻璃，以降低门窗自身的热传导能力；门窗各部件之间尽量做到密封，以减少热对流的机会，从而实现隔热的目的。图3-63为一隔热窗的构造示意图。

保温门窗的设置目标，是确保室内环境处于一定的温度值，其温度值可能比大环境的高，也可能比大环境的温度低。前者如冬季的取暖空间，后者如冷库。保温门窗都使用低导热系数材料做成，同时要求各杆件、部件之间结合密封，以减少发生对流传热的机会，从而实现较好的保温目的。对于温差较大的保温门窗，在设计中一般会考虑结露现象，采用相应的防潮措施。图3-64为一保温门的构造示意图。

在隔热保温门窗中，不应让水或水汽进入隔热保温材料，以确保材料的隔热保温能力。否则，材料变湿后由于水分的存在，大大地提高了材料的热传导能力，降低了隔热保温能力。

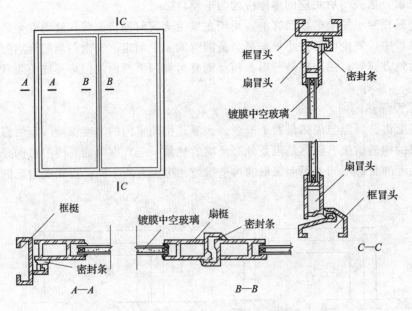

图 3-63 隔热窗的构造示意图

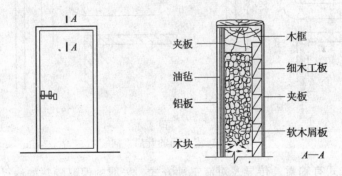

图 3-64 保温门构造示意图

（3）隔声吸声门窗

阻挡声音传递的门窗叫做隔声门窗，吸收声波能量的门窗叫做吸声门窗。吸声与隔声门窗均设置在相应吸声与隔声的围护结构的墙体中。一般通过构建空腔吸收声波而发生共振来转化声能，达到吸收声音的目的。一般以轻软、多孔及空气隔层的构造措施来阻挡声音的传递，达到隔声的目的。图 3-65 为隔声门的构造示意图。

隔声门除了自身的隔声或吸声构造措施外，有关的缝隙应做相应的密封构造措施。

（4）防爆门

具有抵抗爆炸冲击波性能的门叫做防爆门。防爆门一般用于人防要求的建筑空间的外围结构体系中。常设于建筑物的左右或前后两侧，以防上部建筑被毁后能留下其中一侧的出入口。

防爆门的防爆等级由国家相应的规范或标准所决定，并有专业厂家生产，以确保达到相应的抗爆性能。防爆门一般有钢质或钢筋混凝土结构两种材料，以垂直形态或水平形态关闭于通道的出入口。垂直关闭类的防爆门，使用铰链或门轴与洞口门框连接；水平关闭类的防爆门，采用水平滑轨与滑槽的方式进行推拉连接，开启时门扇藏于门扇保护夹层中，以确保门扇顺利关启。

（5）防辐射门

能减小或阻挡有害射线透过的门叫做防辐射门，此类门用于有辐射源产生的房间的墙体中。

防辐射门一般使用重质材料制成，面向辐射源房间的门一侧，铺设能吸收有害射线的板材，如铅板，以阻挡射线的外泄。

门窗的种类及形式很多很复杂，在此仅从开启、材料、功能三个方面做一些介绍，了解一些基本的情况，在实际的门窗使用中，还存在着丰富的内容，有待于在工作中不断学习，以扩大门窗方面的专业知识。

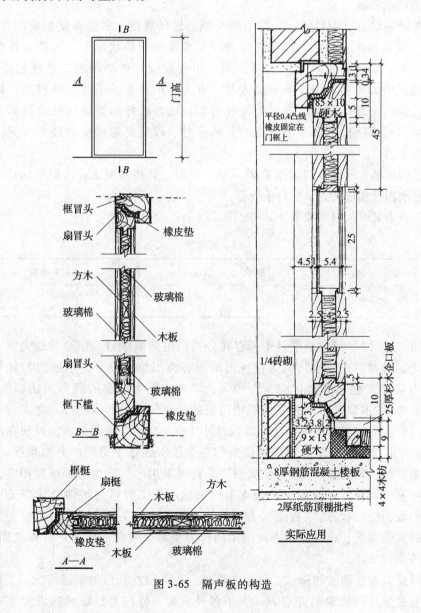

图 3-65 隔声板的构造

课题2 施工准备与工后处理

2.1 施 工 准 备

充分的施工准备,是取得良好施工成果的一半,所以必须认真做好各项施工准备工作。施工准备工作的内容与重点,因施工对象、施工队伍、施工条件与工作环境不同,各项目会有所区别,现按一般情况和一般要求介绍其中主要的关键方面。

2.1.1 图纸的阅读与交底

施工中主要一条原则是按图施工,所以阅读图纸是施工人员的重要工作内容。

(1) 图纸的阅读

阅读图纸一般有三个目的:一是了解与领会设计意图,尽量弄懂相应的设计原理,以掌握施工中的意念主动性,即在理解设计要求或原理的状况下,取得为什么要这样或那样施工的原因解释权。二是从识读图纸中发现设计中的问题,复核相应的数据。联系各种施工中的实际情况,向有关人员、有关部门或有关单位反映问题,提出合理化的建议,以改正设计错误,或完善设计对象,取得较好的经济与社会效果。三是在识读图纸中,可以随机考虑各项施工的具体事务,以便制定相应的施工方案,落实各项施工实务工作。

门窗工程图纸,一般有门窗汇总表、外立面图、墙体立面图、房间平面图、节点详图、门窗标准图及相应的五金材料手册等。

门窗汇总表又叫门窗明细表,其格式见表3-1。

门窗明细表 表 3-1

序号	型号	名称	洞口尺寸		分布(层数或房间)	合计	选用标准图	备注
			宽	高				

表中的"序号",反映出项目中所存在各类门窗的编序号。序号的最大数,则为工程项目中类别总数、"型号"则为设计图纸中各类门窗的编号,一般门的代号为 Mx,窗的代号为 Cx,加栏栅的则作" = "符号。"名称"为门窗的通俗叫法,如实木门、中空玻璃窗等。"洞口尺寸"指在图纸中门窗的标注尺寸,即墙洞口的宽度与高度留洞尺寸。而门窗实际宽度与高度均比洞口尺寸小 1.5~3mm,甚至更多,以便在洞口中嵌入。"分布"是指各种类型的门窗在建筑的各个层次或各个房间的分布情况。"合计"即为同一型号的门窗总数。"选用标准图"是指所采用的门窗为何种标准图案,一般都写明标准图案的名称,以便施工单位索取而阅读。为工程项目特别设计而无标准图案的门窗,一般为空白状态。"备注"为有关的特点说明。在阅读"门窗明细表"中,应对照相应的其他图纸,核对项目中所采用门窗的型号、数量,以便进行外送加工制作,配料备件等翻样工作。

通过对建筑外立面图的阅读,可以知道外门、外窗在立面的布局情况,了解门窗的标高,垂直位置及门窗扇的开启方式,了解外窗套、外门套、窗盘的设置要求,弄懂墙面饰面分块分划对门窗水平与垂直方向定位的影响及调整要求，例如，窗间墙之中的玻璃锦砖在粘贴中不得有半块分粘的情况存在，窗口左右两边的饰面板应对称等要求。

通过内墙装饰设计立面图或立面展开图的阅读，可以知道门窗在室内墙面中的布局情况，了解门窗各型号所在的垂直标高数值与洞口的高度尺寸，了解门窗的帘箱、内套、窗台等设置要求。

通过建筑外立面与内墙立面图的对照阅读，除了弄清上述各项要求外，还应把各型号的门窗洞口高度，与门窗明细表中的洞口高度进行核对，看其是否相一致。若有矛盾，则应找出原因，请设计人员书面变更。

图 3-66 为某建筑的外立面之一。图 3-67 为某室内设计的墙面展开图，从图中可以看出相关内容。

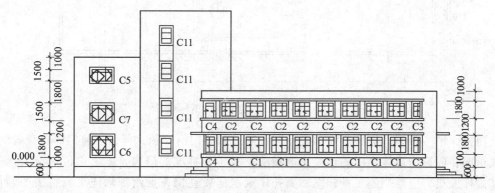

图 3-66　某建筑立面图

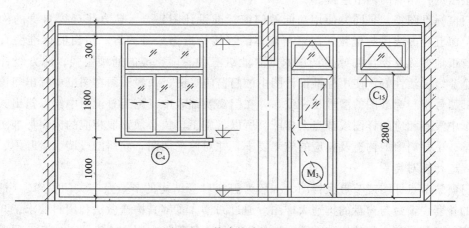

图 3-67　某建筑墙面展开图

房间平面图是反映房间的平面布局情况的图。通过房间平面图的阅读，必须了解门窗在墙身中的水平位置及平面宽度尺寸，知道各类门窗型号的编号情况，知道门窗套与窗台的基本设置要求。并且，须与门窗明细表、相应的立面图或墙面展开图核对有关的水平平面尺寸及洞口宽度。图 3-68 为某建筑一墙身平面图，反映了门窗在此墙身上的水平布置情况。

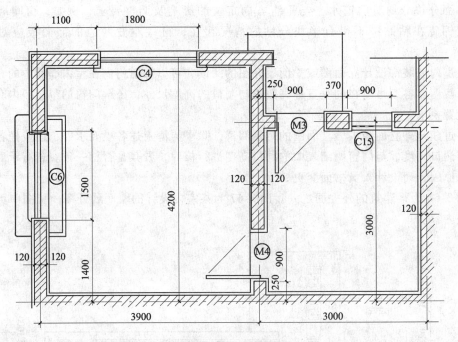

图 3-68　某建筑平面图

门窗详图一般为非标准门窗的设计图。通过阅读门窗详图，可以了解门窗自身的结构组成情况和门窗与墙体之间的连接构造做法。对于非标准的门窗，施工单位中有关人员，例如翻样人员，应绘制施工翻样图，委托厂家制作或直接布置给现场施工班组按图制作。门窗与墙体的连接中，涉及到墙体的砌筑问题，应在墙体砌筑前布置，在砌筑中处理好，以便按图进行相应的构造连接。

门窗标准图集，是同类使用功能的门窗标准设计图集合，包含了门窗自身的构造组成，门窗五金的选择与配置，门窗与墙体的连接构造做法等内容。门窗的标准图有国家级、省市地方级及设计院或生产厂家的企业级三种。国家级的通用性强，地方级针对性强，企业级灵活性好。使用标准设计图中的门窗施工图，一般只须在图纸中标出门窗的型号，其型号常与标准图的型号相一致，并在门窗明细表中或施工总说明中给以指出，因而在图纸中没有相应的详图或节点大样图。所以，施工单位必须索取相应的门窗标准图。通过阅读，了解门窗的构造及相应的施工要求，并对照平面图、立面图或墙面展开图、门窗明细表进行核对。

门窗的节点详图或节点大样图，一般为门窗自身结构的节点及有关门窗帘、门窗箱、门窗的外套、窗台与窗盘的构造大样图。通过阅读，了解其构造做法和用料要求，知道上述内容与墙与门窗之间的构造关系，以便正确处理各部件在制作或安装时的工艺问题。

（2）图纸的交底

在掌握了图纸的设计要求及处理好图纸中的设计问题后，就可以向有关的具体施工班组进行图纸交底。

图纸交底的目的是提高班组施工人员对门窗工程的识图能力，使施工人员了解相应的门窗设计原理，真正做到按图施工。

图纸交底的内容为：门窗的类型、型号与数量，门窗在建筑层面或房间的分布情况，门窗与墙体的连接构造做法。门窗五金的套配与设置情况，箱帘、套、台盘等门窗饰件的构造做法与要求等内容。指出各部分的内容在相应的图纸编号，其中的关键要点，并解答有关的提问。

图纸交底往往与技术交底、施工任务的布置同时进行，相应的技术交底、安全质量交底、施工任务的布置在有关的部分再介绍。

2.1.2 材料、机具的选择与准备

(1) 材料的选择与准备

材料选择的依据是设计图纸。门窗工程中的主要材料，实际是指门窗框与相应的扇材，如玻璃类的扇面材料。在运输和市场情况可能的条件下，一般应选择专业门窗生产厂家的门窗成品（有时甚至委托生产厂家的专业施工队进行现场安装，则容易达到相应的施工质量，并且成本也比较合算）。门窗成品的数量可以根据设计图纸中门窗明细表中的有关项目，按各型号一一列出实际用量，以表格的方式列出，并附上有关的图纸，以此进行采购或外加工送到施工现场。对于自行制作门窗的门窗工程项目，则应由门窗各型号的构造绘成翻样图，计算相应的各种门窗型材和配件数量，加上制作消耗率的用量，然后制单购买后运入工地现场，以便加工制作。

对于门窗五金等配件材料，也应根据设计要求与施工损耗等情况，编制相应的用料表格，以此进行采购和运入施工现场。对于重要的五金材料、配件应仔细计算，严格控制数量，一般为按实计算用量。对于像螺钉这类易耗材料，应根据施工的实际情况，相应考虑一定的现场施工损耗或遗失率，一般为1%~5%左右。

对于门窗中帘、箱、套等饰件类的制作材料，也应列表计算，以便采购送到施工现场。对于像木线条之类的材料，应该考虑制作安装时的合理耗用率，以确保各项制作或安装工艺顺利进行。

门窗工程中的各种材料、构件、配件必须合乎设计与国家规范的有关要求，即品种、规格、技术性能指标与要求相一致。如要采用替代品种，则必须获得设计单位书面认可才能使用。

材料进入施工现场时，应有专门人员进行验收，点算其数量，验看其品种与规格，甚至索取相应的技术性能检测资料，严控不合格材料、配件、五金进入施工现场，以免影响建筑施工质量。

进场后的门窗成品，应堆放在平整、干燥、遮阳、无污染的地方。对于小件配件应放置于贮藏室中。对于贵重的五金零件等配件，应单独存放并造册登记，必须实行限额领料的制度。

(2) 施工机具的选择与准备

门窗工程中的施工机具，一般体量不大但品种较多。门窗的制作常在厂家进行。故在这里仅涉及到施工现场中门窗安装施工中的机具。

门窗安装工程的施工机具，一般分为三类：即基本工具、检测工具和机电工具。

基本工具因工种岗位的不同而有所区别，例如安装门窗框或门窗扇，习惯上由木工工种实施，则相应的基本工具为框锯、刨子、木工锤子、凿子、旋子等。而安装石质的门窗套与窗台与窗盘，习惯上由抹灰工工种实施，则相应的基本工具为瓦刀、抹灰刀、托灰板

等。而安装玻璃由玻璃工种实施，则相应的基本工具为油灰刀、玻璃刀、钢丝钳等。基本工具一般由具体的操作人员自行准备与保管。

门窗安装工程中的检测工具，用于测定和检测及控制安装各构件的定位状态的工具。一般有托线板（又称靠线板）、水平尺、量尺（2m或4m钢皮卷尺）、方尺、尼龙线或麻线等。托线板用以检测垂直情况，水平尺用于测定线性水平度情况；尼龙线用于控制平直情况。这些工具一般由生产班组准备和保管。

门窗安装施工中的机电工具，一般指小型手提电动工具。使用这类工具，能达到减轻劳动强度，加快施工操作进度，提高施工质量的目的。手提电动工具的品种较多，型号不少。按功能分，一般有以下几类：打洞钻孔类、切割类、刨削磨光类、固定结合类等。

打洞钻孔类有：冲击钻、手枪钻等，用于在墙体或杆件上钻孔打洞。

切割类有：切割机、手电锯、曲线锯等，用于切割各种杆件材料。因切割的材质不同，而使用不同的切割锯片，就必须配备不同的切割机，一般有用于木材、石材及金属等不同材料的切割机械。

刨削磨光类有：手提刨、磨光机、抛光机等，用于杆件的表面光洁加工，主要分为木材与金属表面加工两大品种。

固定结合类有：射钉枪、打胶机、气钉枪、电动凿子等，用于门窗中各杆件的组合与固定。

机电工具一般为班组借用，班组保管与日常维护。机电工具必须做到科学合理地使用，才能延长其使用寿命。使用中必须遵守安全用机用电的规定，避免事故的发生。

在施工准备中，必须针对门窗安装工程的具体情况，尽量配备好先进的施工机具，这是提高生产效率，确保产品质量的一项极其重要的工作。

2.1.3 安全设施与安全操作要求

门窗安装施工中的安全设施与安全操作要求，一般有以下几项。

（1）运至施工现场的门窗材料应放置于安全的地方，对易燃、易爆物资做好相应的防火处理。

（2）施工高度大于3.6m的操作位置，必须搭设相应的脚手架，外墙高空、二层及二层以上的门窗安装施工中，应搭设外施工脚手架，高空操作须系好安全带。

（3）门窗材料不得集中堆放于脚手架上，以防脚手架上负载过大而发生脚手架倒塌的现象。

（4）做好门窗的临时固定与结构固定的施工工作，防止安装中门窗发生倾覆现象。

（5）严禁在门窗扇上、楞条、芯条上搁置脚手板。

（6）正确堆放玻璃片材，防止玻璃片材倾倒而砸到人，不得乱堆乱放，影响正常的施工操作。

（7）确保玻璃油灰的养护期，严防撞击玻璃片而形成玻璃碎片飞击伤害人身的现象发生。

2.1.4 施工工艺的技术措施

门窗安装中施工工艺技术措施的内容多，涉及面广，一般在相应的工艺组织设计中有总的考虑和安排，对关键的问题编制预案实施方案。现按门窗的材料类型不同，介绍一些一般的措施和做法。

(1) 木门窗的安装

木门窗一般采用嵌樘子的施工方法，相应的工艺技术措施为：

1）堆放

木门窗进场后应按各种型号分别水平堆放，做好防潮、防晒、防火的各项保护措施，并不宜处于空气流动强烈的地方，以防木杆件迅速干缩而发生开裂或变形的现象。

2）弹线定位

在门窗洞口的侧边，必须根据设计要求和内外墙的装修情况，定出框的水平与垂直位置线，以控制框的安装位置，达到门窗群体整齐划一的质量要求。对于抹灰墙面，框的里面应突出墙面 15~18mm，当为双层扇时，其框常居于墙体中间。

3）嵌樘子

首先弄清扇的开启方向。将框居于洞口中后，框的周边用木楔做临时固定。依靠洞口上框的位置线，校正框的上、下冒头的水平位置和梃的垂直度后，才可用钉将框固定于墙体的预埋木砖上。固定用的钉帽须砸扁并冲入樘梃内，其位置应避开将来安装铰链的部位。对于洞口墙体偏位较大，框梃边紧贴墙侧边，或无法嵌入框体的洞口墙体，必须凿除突出的偏位部分，以满足抹灰层厚度要求或其他门窗饰面件的安装要求。

4）门窗饰面件的安装

门窗箱、门窗套、窗台与窗盘等饰面件的安装，一般在墙面灰饼与冲筋做出、刮草抹灰基本完成后进行。成组的门窗饰件，必须在弹线定位后安装。对于外墙中的窗饰件、内墙中的走廊门窗，应先安装两端的门窗，以此为基础拉线或弹设平线后再安装中间的门窗。

5）门窗扇的安装

门窗扇的安装必须在墙地面、吊顶工程基本完成而仅剩涂刷工序未做时才可进行。

安装门窗扇时，应先量出框口净尺寸、综合风缝的大小尺寸，然后在扇上确定高度及宽度进行修刨。在高度方向上主要刨削上冒头，在宽度方向要对两边梃同时刨削；双扇门窗先对口后再刨削另一侧的扇梃。

为了开关方便，平开扇冒头底面可刨削成斜面，斜势可为 2~3mm。中悬扇的上、下冒头和上悬扇的下冒头底面，均应刨削成斜面，其斜势以开启时能保持一定的风缝为准。

风缝的大小一般为：门窗扇的对口处及门窗扇与框间应为 1.5~2.5mm，一般的门扇和楼地面留缝宽度为：外门 5，内门 8mm，卫生间与厨房间为 12mm。

装门窗扇时，应先将扇嵌入框口中，用木楔垫在楼地面或框下冒头与扇冒头之间，仔细调整各方向的风缝后，划出铰链位置，再取出扇，分别对扇和框进行凿削和安装铰链。

门窗扇的铰链的安装位置，一般为：门铰链距扇上边 175~180mm、扇下边 200mm（俗称为上 7 英寸、下 8 英寸）；窗铰链距扇上边、下边的距离应等于扇高的 1/10，并错开上下冒头。

门窗扇安装中的铰链，其材料、规格、数量，应与门窗扇的大小、重量、装饰要求相匹配，每种规格的铰链都有相应的配用木螺钉。例如，一般的内门扇，常选用镀锌钢质或铜质且规格为 100mm 的普通铰链，每扇用两个，每个铰链配用规格为 35mm×4mm 的钢质或铜质木螺钉 8 只。

安装铰链时在梃上所凿制的凹槽，其深度应比页板略大一些，使页板不至凸出。另外，由于扇的重心所驱，上部会在使用中逐渐向外倾，故上部铰链页板处的凹槽应比下部铰链页板处的凹槽深 0.2mm 左右，以纠正扇的下沉外倾影响。

在门窗扇试装中，上下铰链只需拧入一只木螺钉，以检查扇四周的缝隙大小情况，相应对凹槽的深浅进行修正，当合乎要求时，再将其他螺钉拧入。螺钉的安装，不可用锤敲入全部，应先打入 1/3 的长度，然后再拧入。对于硬质木料当遇螺钉拧不下去的情况出现时，可先用手枪钻在相应位置打出略大些的螺钉孔，在孔中塞入少量的木片条，然后再把螺钉拧入即可。

门窗扇安装后要进行试开试闭检查，不得产生挠曲、碰撞、自开或自关的现象，以开到哪里就停到哪里为好。

6）锁、拉手与其他五金的安装

门扇中主要采用弹子锁。安装弹子锁的门扇厚度宜在 38～51mm 之间。锁的设置高度为 0.9～1.1m，门拉手的设置高度为 0.8～1.1m，窗拉手一般为 1.5～1.6m。拉手距离扇边应不小于 40mm，以防轧手现象的出现。

门锁的种类很多，各种锁的产品说明书均有安装图及简要说明，一般只需按其说明进行施工即可。锁安装后的钥匙必须进行分类编号，由专人保管。

插销有竖装和横装两种。竖装是将插销装在门窗缝的上部或下部，横装是将插销装在中冒头上。门窗扇未装到框上之前，应先把插销装上，待扇安装好后再在框上安装插销鼻。安装插销鼻时应该考虑门窗扇下垂的位移影响，以防使用一段时间后插不到鼻中之类的现象发生。

窗的风钩应设在框下冒与窗扇下冒头之间的夹角处，使窗扇开封后的夹角呈 130°左右，窗扇距墙角小于 10mm 为宜。在同幢建筑中，各窗扇的开启程度应一致，务必使各层的窗扇开启时成一竖直线。

纱门窗用的纱有塑料纱、玻璃纱、铁丝纱、钢丝纱几种。

经核算门窗与纱的规格尺寸后进行搭配裁剪，以提高纱的使用出料率。安装纱的裁口应高低一致，否则应修正。其压条常用杉木或白松制成，按裁框配制且交角为 45°接合，长度略小于框边裁口槽长，每边为整根料配制。纱料的安装中应先钉长边及相邻的短边。纱的经纬要平行于门窗边，纱的中间不可拱起也不可下凹，每边的纱要冒出压条面 10～20mm，固定压条的钉子每边不少于两只，并尽量钉于侧面，钉头进入木压条中。钉好后，余纱用刀按压条面割去，然后刨平磨光。

7）玻璃的安装与涂装施工

玻璃的安装应在楼地面、墙面及平顶工程基本施工完成后进行。玻璃安装的基本工艺技术措施已在有关部分述及，这里不再一一详述。

涂装施工主要是指木门窗的油漆施工。涂装施工中必须做好门窗表面的清理工作，按设计要求选择合格的涂料进行涂刷，防止涂料弄脏相邻部位现象的发生，涂料在结膜硬化时，应避免施工现场灰尘飞扬的情况出现，确保涂装施工的质量。

（2）钢门窗的安装

现以实腹钢门窗安装为例，介绍相应的一些施工工艺技术措施。

1）堆放

钢门窗应竖向堆放，竖向坡度不大于 20°，并放置于垫木上，应有相应的防雨措施。钢门窗应按各种型号分别归堆放置，其门窗配件与零件须放置于室内，以免发生不必要的损耗。

2）弹线定位与固定安装孔的设置

钢门窗的弹线与定位的工艺措施，基本上与木门窗相同。钢窗的窗平面，一般居于窗洞口的中间。在钢门窗的弹线定位中，除了划出门窗的水平与垂直位置控制线外，还应标出门窗安装孔的位置。

每一钢门窗的侧边框上都可以安装钢脚，利用钢脚埋入侧壁孔洞或预埋件上，使门窗固定于洞口中。当采用水平或垂直拼管对基本门窗组合拼装时，其拼管也应埋入相应的安装孔中。这些固定安装孔，有的在砌墙或浇筑混凝土时设置，有的在事后开凿。在弹线定位时把这些安装孔标出后，就可以进行相应孔洞的开凿或校核修正工作。

3）安装

钢门窗的安装一般都是连框带扇一起安装的。

安装前要检查钢门窗的外形与开启情况。因运输和堆放造成的挠曲变形，需在安装前修复合格后方可。

安装一般的钢窗时，将钢窗送入窗墙洞口后，依据定位控制线用木楔做临时加固。木楔的设置位置应正确，处于框梃冒头的结合处，否则窗梃易发生变形，如图3-69所示。

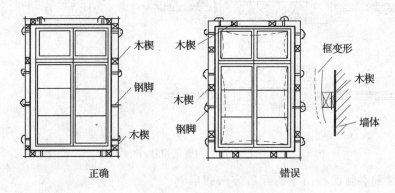

图3-69 钢窗安装时木楔的位置

然后，校正窗梃的垂直度与水平度，调整木楔的垫撑厚度，使钢窗达到横平竖直、高低一致的状态。再将钢脚置于安装孔中，并用螺钉与窗框拧紧，之后在安装孔中浇筑水泥砂浆。待砂浆硬化、边缝抹灰时方可拆除木楔。在安装时，严禁将钢脚敲弯或锯短而不埋入安装孔中，形成钢窗虚假固定的现象。

安装组合钢窗前，应检查组装的单梃钢窗和拼窗杆件，并进行试拼组装。拼装时应选用长度合适的螺栓将钢窗与拼窗杆件栓紧。拼合处应满嵌油灰，组合拼窗杆件的两端，必须伸入安装孔中30～50mm，拼窗杆件的拼接节点如图3-70所示。组合钢窗经水平与垂直及平整度校正后，与钢脚同时浇筑水泥砂浆进行固定。凡是在两组拼接杆件的交接处，必须用电焊固定焊接。

钢窗的零件比相应的木窗复杂，而且专用性强。所以，必须按设计的规定使用相应的零件。钢窗的零件必须待内外抹灰工程结束后安装。钢窗经防锈漆和底漆涂刷后方可进行安装。钢窗五金的安装，一般都采用丝扣结合，所以安装时仅需用螺钉拧紧，严禁改为电焊结合，以免窗扇和零件变形，造成难以更换和维修的不良局面。

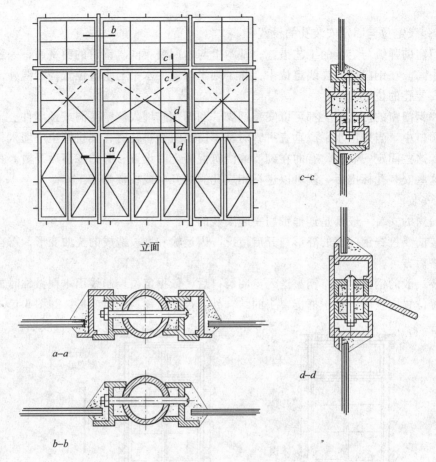

图 3-70 钢窗的拼接

钢门安装前必须明确门扇的开启方向和扇轴所处的建筑平面位置。按设计要求将门槛嵌入门洞口后，用木楔放置于门槛四周做临时固定，使用线坠和水平尺校正垂直度和水平度后敲紧木楔，并开启门扇，使用一木条将门框的中部撑紧，如图 3-71 所示，以防嵌填框与墙洞之间缝隙的砂浆将门框向内变形而影响门锁的安装和门扇的开启。当安装孔中的水泥砂浆将铁脚固定牢固后，方可拆除木撑进行嵌缝抹灰。然后，再次校正门槛、装上插销、门锁等五金配件。

钢门窗中的玻璃安装与涂装施工，其施工工艺措施基本上与木门窗的有关内容相同。

（3）塑料门窗的安装

塑料门窗在运输时要注意保护，每樘门窗应用软绒毡等软质物隔开，下面用方木垫平，垂直

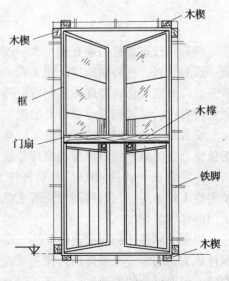

图 3-71 钢门的固定

靠立。每5樘为一个单元进行分组绑扎在一起，装时要轻拿轻放，不得随意抛掷。

塑料门窗的堆放点要远离热源、基地平整、坚实，同时不宜放在阳光下暴晒，应加盖篷布防风避雨，最好放置于室内。

为了保证门窗安装位置准确、外观整齐，必须进行门窗安装的弹线定位。通常是先拉水平线，用墨线弹在侧墙壁上，多层房屋在顶层洞口找中，用吊坠定出弹出窗中线，单个门窗可现场用线坠吊直。

樘框安装时先将镀锌固定连接件嵌入框的外槽内固定好，找好门窗本身的中线，然后把门窗樘嵌入洞口，与洞口的中线、侧壁定位线进行对平对中找平，使用木楔在框的交角处对称塞紧，经垂直度、平整度、对角线调整后，依靠调节木楔做门窗樘的定位固定。

门窗樘定位后，可取出门窗扇做好编号标记存放备用。然后，在墙洞边打洞装入塑料膨胀螺钉，用木螺将镀锌连接体固定于膨胀螺钉上，使门窗框与墙体保护牢固的连接。

在框与洞口之间可塞嵌油毡条或打入发泡塑料，以使框有一定的伸缩余地。抹灰时灰上应咬合框侧有灰口凹线槽。

内墙面内外抹灰与涂装工程完成后，门窗饰件安装结束后，将玻璃用压条压在扇上，按原先制作的编号标记将扇安装于框上，并在铰链内滴加润滑机油即可。

由于塑料门窗的类型多样、规格大小不同，在安装中的技术工艺措施不尽相同。所以，针对不同的安装对象，不同的施工条件，必须灵活采取相应的工艺措施。

(4) 铝合金门窗的安装

铝合金门窗一般由工厂预制，施工现场按图拼装而成。拼装场地或拼装工作台面应平整，并垫以织物等柔软物，以免铝合金杆件表面的保护色受损，拼装过程要小心仔细，切忌用锤直接敲击或碰伤铝合金杆件。各杆件的连接要注意方正、平直，以确保几何形状与几何尺寸的正确。门窗樘拼装成型后，需用塑料胶纸包裹杆件，以防受到污染。

在外墙面上，上下窗要在同一垂直线上，各窗面离外墙面的距离需一致，左右的窗在同一水平线上，故门窗的安装弹线定位非常重要。弹线定位的做法可以按以下方法进行：室内墙上弹出标高线，以此校核门窗的安装高度，保证左右窗安装在同一条水平线上，室外应以外墙面塌饼为准，并根据外墙装饰的构造做法，引测各层窗在窗间墙的进出位置，依此弹出窗间墙侧面上的安装位置垂直线。为了保证上下窗边在同一垂直线上，外墙面应从上至下吊长线坠或使用经纬仪，定出各层窗樘的安装垂直线。门窗安装的弹线定位工作，必须同时兼顾上述三个方面的控制测定要求。

铝合金门窗在洞口中的就位、校正、固定，基本与塑料门窗安装的有关内容相同。

铝合金门窗框与墙体间的缝隙，应按设计规定处理。当设计未作规定时，可采用矿棉或玻璃毡条分层填塞密实，或注入塑料液体经发泡填实，槽表应留有5~8mm深的槽口，然后用打射筒灌注油膏或硅胶。油膏或硅胶面应平整光洁，无裂缝出现。

铝合金门窗扇的安装，应根据相应的门窗形式进行。

2.2 工后处理

工序施工的后期工作，或工序施工中的收场工作，一般叫做工后处理。工后处理实际上是各个工序工艺中一个工作内容，常随工作对象、工作环境、工作方法的不同有所区别。在这里我们针对门窗安装工程的施工，关于质量验收、产品保护、场地清理、资料整理等几个方面的工作内容和工作方法进行介绍。

2.2.1 质量验收

门窗工程的质量验收,主要执行国家的《建筑装饰装修工程质量验收规范》GB 50210—2001,对于住宅的门窗装饰施工,应执行国家《住宅装饰装修工程施工规范》GB 50327—2001中的有关内容。

国家质量验收规范规定,装饰装修工程为整个建筑工程中的一个分部工程,而门窗工程仅是装饰装修分部工程中的一个子分部工程。

门窗子分部工程按其工作内容分为木门窗制作与安装、金属门窗安装、塑料门窗安装,特种门安装和门窗玻璃安装5个分项工程。窗帘盒、窗台板、门窗套制作安装等分项工程作为子分部工程细部工程中的几个分项工程。门窗油漆划在涂饰子分部工程中。

其工程划分类别见表3-2。

门窗的子分部工程与其分项工程的划分表(部分)　　　表3-2

项次	子分部工程	分项工程	门窗饰件内容
1	抹灰工程	一般抹灰、装饰抹灰、清水砌件勾缝	窗台、窗盘、窗套、抹灰
2	门窗工程	木门窗制作与安装、金属门窗安装、塑料门窗安装、特种门安装、门窗玻璃安装	
3	涂饰工程	水性涂料涂饰、溶剂型涂料涂饰、美术涂饰	门窗与门窗饰件
4	细部工程	窗帘盒、窗台板制作与安装,门窗套制作与安装等	门窗帘箱、门窗套、窗台、窗盘

质量验收规范对门窗工程中各个分项工程检验批提出了主控项目和一般项目的具体质量要求或标准以及相应检测方法,编制了统一格式的分项工程质量检测评定表。

下面为《建筑装饰装修工程质量验收规范》GB 50210—2001中,门窗工程中的有关质量验收规定:

附:

5.1 一般规定

5.1.1 本章适用于木门窗制作与安装、金属门窗安装、塑料门窗安装、特种门安装、门窗玻璃安装等分项工程的质量验收。

5.1.2 门窗工程验收时应检查下列文件和记录:

1 门窗工程的施工图、设计说明及其他设计文件。

2 材料的产品合格证书、性能检测报告、进场验收记录和复验报告。

3 特种门及其附件的生产许可文件。

4 隐蔽工程验收记录。

5　施工记录。
5.1.3　门窗工程应对下列材料及其性能指标进行复验：
　　1　人造木板的甲醛含量。
　　2　建筑外墙金属窗、塑料窗的抗风压性能、空气渗透性能和雨水渗透性能。
5.1.4　门窗工程应对下列隐蔽工程项目进行验收：
　　1　预埋件和锚固件。
　　2　隐蔽部分的防腐、填嵌处理。
5.1.5　各分项工程的检验批应按下列规定划分：
　　1　同一品种、类型和规格的木门窗、金属门窗、塑料门窗及门窗玻璃每100樘应划分为一个检验批，不足100樘也应划分为一个检验批。
　　2　同一品种、类型和规格的特种门每50樘应划分为一个检验批，不足50樘也应划分为一个检验批。
5.1.6　检查数量应符合下列规定：
　　1　木门窗、金属门窗、塑料门窗及门窗玻璃，每个检验批应至少抽查5%，并不得少于3樘，不足3樘时应全数检查；高层建筑的外窗，每个检验批应至少抽查10%，并不得少于6樘，不足6樘时应全数检查。
　　2　特种门每个检验批应至少抽查50%，并不得少于10樘，不足10樘时应全数检查。
5.1.7　门窗安装前，应对门窗洞口尺寸进行检验。
5.1.8　金属门窗和塑料门窗安装应采用预留洞口的方法施工，不得采用边安装边砌口或先安装后砌口的方法施工。
5.1.9　木门窗与砖石砌体、混凝土或抹灰层接触处应进行防腐处理并应设置防潮层；埋入砌体或混凝土中的木砖应进行防腐处理。
5.1.10　当金属窗或塑料窗组合时，其拼樘料的尺寸、规格、壁厚应符合设计要求。
5.1.11　建筑外门窗的安装必须牢固。在砌体上安装门窗严禁用射钉固定。
5.1.12　特种门安装除应符合设计要求和本规范规定外，还应符合有关专业标准和主管部门的规定。

5.2　木门窗制作与安装工程

5.2.1　本节适用于木门窗制作与安装工程的质量验收。

主控项目

5.2.2　木门窗的木材品种、材质等级、规格、尺寸、框扇的线型及人造木板的甲醛含量应符合设计要求。设计未规定材质等级时，所用木材的质量应符合本规范附录A的规定。
　　检验方法：观察；检查材料进场验收记录和复验报告。
5.2.3　木门窗应用烘干的木材、含水率应符合《建筑木门、木窗》JG/T 122的规定。
　　检验方法：检查材料进场验收记录。
5.2.4　木门窗的防火、防腐、防虫处理应符合设计要求。
　　检验方法：观察；检查材料进场验收记录。

5.2.5 木门窗的结合处和安装配件处不得有木节或已填补的木节。木门窗如有允许限值以内的死节及直径较大的虫眼时，应用同一材质的木塞加胶填补。对于清漆制品，木塞的木纹和色泽应与制品一致。

  检验方法：观察。

5.2.6 门窗框和厚度大于50mm的门窗扇应用双榫连接。榫槽应采用胶料严密嵌合，并应用胶楔加紧。

  检验方法：观察；手扳检查。

5.2.7 胶合板门、纤维板门和模压门不得脱胶。胶合板不得刨透表层单板，不得有戗槎。制作胶合板门、纤维板门时，边框合横楞应在同一平面上，面层、边框及横楞应加压胶结。横楞和上、下冒头应各钻两个以上的透气孔，透气孔应通畅。

  检验方法：观察。

5.2.8 木门窗的品种、类型、规格、开启方向、安装位置及连接方式应符合设计要求。

  检验方法：观察；尺量检查；检查成品门的产品合格证书。

5.2.9 木门窗框的安装必须牢固。预埋木砖的防腐处理、木门窗框固定点的数量、位置及固定方法应符合设计要求。

  检验方法：观察；手扳检查；检查隐蔽工程验收记录和施工记录。

5.2.10 木门窗扇必须安装牢固，并应开关灵活，关闭严密，无倒翘。

  检验方法：观察；开启和关闭检查；手扳检查。

5.2.11 木门窗配件的型号、规格、数量应符合设计要求，安装应牢固，位置应正确，功能应满足使用要求。

  检验方法：观察；开启和关闭检查；手扳检查。

一 般 项 目

5.2.12 木门窗表面应洁净，不得有刨痕、锤印。

  检查方法：观察。

5.2.13 木门窗的割角、拼缝应严密平整。门窗框、扇裁口应顺直，刨面应平整。

  检验方法：观察。

5.2.14 木门窗上的槽、孔应边缘整齐，无毛刺。

  检验方法：观察。

5.2.15 木门窗与墙体间缝隙的填嵌材料应符合设计要求，填嵌应饱满。寒冷地区外门窗（或门窗框）与砌体间的空隙应填充保温材料。

  检验方法：轻敲门窗框检查；检查隐蔽工程验收记录和施工记录。

5.2.16 木门窗批水、盖口条、压缝条、密封条的安装应顺直，与门窗结合应牢固、严密。

  检验方法：观察；手扳检查。

5.2.17 木门窗制作的允许偏差和检验方法应符合表5.2.17的规定。

5.2.18 木门窗安装的留缝限值、允许偏差和检验方法应符合表5.2.18的规定。

表 5.2.17 木门窗制作的允许偏差和检验方法

项次	项目	构件名称	允许偏差 普通	允许偏差 高级	检验方法
1	翘曲	框	3	2	将框、扇平放在检查台上，用塞尺检查
		扇	2	2	
2	对角线长度差	框、扇	3	2	用钢尺检查，框量裁口里角，扇量外角
3	表面平整度	扇	2	2	用1m靠尺和塞尺检查
4	高度、宽度	框	0；-2	0；-1	用钢尺检查，框量裁口里角，扇量外角
		扇	+2；0	+1；0	
5	裁口、线条结合处高低差	框、扇	1	0.5	用钢直尺和塞尺检查
6	相邻棂子两端间距	扇	2	1	用钢直尺检查

表 5.2.18 木门窗安装的留缝限值、允许偏差和检验方法

项次	项目		留缝限值（mm）普通	留缝限值（mm）高级	允许偏值（mm）普通	允许偏值（mm）高级	检验方法
1	门窗槽口对角线长度差		—	—	3	2	用钢尺检查
2	门窗框的正、侧面垂直度		—	—	2	1	用1m垂直检测尺检查
3	框与扇、扇与扇接缝高低差		—	—	2	1	用钢直尺和塞尺检查
4	门窗扇对口缝		1～2.5	1.5～2	—	—	用塞尺检查
5	工业厂房双扇大门对口缝		2～5	—	—	—	
6	门窗扇与上框间留缝		1～2	1～1.5	—	—	
7	门窗扇与侧框间留缝		1～2.5	1～1.5	—	—	
8	窗扇与下框间留缝		2～3	2～2.5	—	—	
9	门扇与下框间留缝		3～5	3～4	—	—	
10	双层门窗内外框间距		—	—	4	3	用钢尺检查
11	无下框时门扇与地面间留缝	外门	4～7	5～6	—	—	用塞尺检查
		内门	5～8	6～7	—	—	
		卫生间门	8～12	8～10	—	—	
		厂房大门	10～20	—	—	—	

5.3 金属门窗安装工程

5.3.1 本节适用于钢门窗、铝合金门窗、涂色镀锌钢板门窗等金属门窗安装工程的质量验收。

主 控 项 目

5.3.2 金属门窗的品种、类型、规格、尺寸、性能、开启方向、安装位置、连接方式及铝合金窗的型材壁厚应符合设计要求。金属门窗的防腐处理及填嵌、密封处理应符合设计要求。

检验方法：观察；尺量检查；检查产品合格证书、性能检测报告、进场验收记录和复验报告；检查隐蔽工程验收记录。

5.3.3 金属门窗框和副框的安装必须牢固。预埋件的数量、位置、埋设方式、与框的连接方式必须符合设计要求。

检验方法：手扳检查；检查隐蔽工程验收记录。

5.3.4 金属门窗扇必须安装牢固，并应开关灵活、关闭严密，无倒翘。推拉门窗扇必须有防脱落措施。

检验方法：观察；开启和关闭检查；手扳检查。

5.3.5 金属门窗配件的型号、规格、数量应符合设计要求，安装应牢固，位置应正确，功能应满足使用要求。

检验方法：观察；开启和关闭检查；手扳检查。

一 般 项 目

5.3.6 金属门窗表面应洁净、平整、光滑、色泽一致，无锈蚀。大面应无划痕、碰伤。漆膜或保护层应连续。

检查方法：观察。

5.3.7 铝合金门窗推拉门窗扇开关力应不大于100N。

检验方法：用弹簧秤检查。

5.3.8 金属门窗框与墙体之间的缝隙应填嵌饱满，并采用密封胶密封。密封胶表面应光滑、顺直、无裂纹。

检验方法：观察；轻敲门窗框检查；检查隐蔽工程验收记录。

5.3.9 金属门窗扇的橡胶密封条或毛毡密封条应安装完好，不得脱槽。

检验方法：观察；开启和关闭检查。

5.3.10 有排水孔的金属门窗，排水孔应畅通，位置和数量应符合设计要求。

检验方法：观察。

5.3.11 钢门窗安装的留缝限值、允许偏差和检验方法应符合表5.3.11的规定。

5.3.12 铝合金门窗安装的允许偏差和检验方法应符合表5.3.12的规定。

表5.3.11 钢门窗安装的留缝限值、允许偏差和检验方法

项次	项 目		留缝限值（mm）	允许偏差（mm）	检 验 方 法
1	门窗槽口宽度、高度	≤1500mm	—	2.5	用钢尺检查
		>1500mm	—	3.5	
2	门窗槽口对角线长度差	≤2000mm	—	5	用钢尺检查
		>2000mm	—	6	
3	门窗框的正、侧面垂直度		—	3	用1m垂直检测尺检查
4	门窗横框的水平度		—	3	用1m水平尺和塞尺检查
5	门窗横框标高		—	5	用钢尺检查
6	门窗竖向偏离中心		—	4	用钢尺检查
7	双层门窗内外框间距		—	5	用钢尺检查
8	门窗框、扇配合间隙		≤2	—	用塞尺检查
9	无下框时门扇与地面间留缝		4~8	—	用塞尺检查

表 5.3.12 铝合金门窗安装的允许偏差和检验方法

项次	项 目		允许偏差（mm）	检 验 方 法
1	门窗槽口宽度、高度	≤1500mm	1.5	用钢尺检查
		>1500mm	2	
2	门窗槽口对角线长度差	≤2000mm	3	用钢尺检查
		>2000mm	4	
3	门窗框的正、侧面垂直度		2.5	用垂直检测尺检查
4	门窗横框的水平度		2	用1m水平尺和塞尺检查
5	门窗横框标高		5	用钢尺检查
6	门窗竖向偏离中心		5	用钢尺检查
7	双层门窗内外框间距		4	用钢尺检查
8	推拉门窗扇与框搭接量		1.5	用钢直尺检查

5.3.13 涂色镀锌钢板门窗安装的允许偏差和检验方法应符合表 5.3.13 的规定。

表 5.3.13 涂色镀锌钢板门窗安装的允许偏差和检验方法

项次	项 目		允许偏差（mm）	检 验 方 法
1	门窗槽口宽度、高度	≤1500mm	2	用钢尺检查
		>1500mm	3	
2	门窗槽口对角线长度差	≤2000mm	4	用钢尺检查
		>2000mm	5	
3	门窗框的正、侧面垂直度		3	用垂直检测尺检查
4	门窗横框的水平度		3	用1m水平尺和塞尺检查
5	门窗横框标高		5	用钢尺检查
6	门窗竖向偏离中心		5	用钢尺检查
7	双层门窗内外框间距		4	用钢尺检查
8	推拉门窗扇与框搭接量		2	用钢直尺检查

5.4 塑料门窗安装工程

5.4.1 本节适用于塑料门窗安装工程的质量验收。

主 控 项 目

5.4.2 塑料门窗的品种、类型、规格、尺寸、开启方向、安装位置、连接方式及填嵌密封处理应符合设计要求，内衬增强型钢的壁厚及设置应符合国家现行产品标准的质量要求。

检验方法：观察；尺量检查；检查产品合格证书、性能检测报告、进场验收记录和复验报告；检查隐蔽工程验收记录。

5.4.3 塑料门窗框、副框和扇的安装必须牢固。固定片或膨胀螺栓的数量与位置应正确，连接方式应符合设计要求。固定点应距窗角、中横框、中竖框150~200mm，固定点间距应不大于600mm。

  检验方法：观察；手扳检查；检查隐蔽工程验收记录。

5.4.4 塑料门窗拼樘内衬增强型钢的规格、壁厚必须符合设计要求，型钢应与型材内腔紧密吻合，其两端必须与洞口固定牢固。窗框必须与拼樘料连接紧密，固定点间距应不大于600mm。

  检验方法：观察；手扳检查；尺量检查；检查进场验收记录。

5.4.5 塑料门窗应开关灵活、关闭严密，无倒翘。推拉门窗扇必须有防脱落措施。

  检验方法：观察；开启和关闭检查；手扳检查。

5.4.6 塑料门窗配件的型号、规格、数量应符合设计要求，安装应牢固，位置应正确，功能应满足使用要求。

  检验方法：观察；手扳检查；尺量检查。

5.4.7 塑料门窗框与墙体间缝隙应采用闭孔弹性材料填嵌饱满，表面应采用密封胶密封。密封胶应粘结牢固，表面应光滑、顺直、无裂纹。

  检验方法：观察；检查隐蔽工程验收记录。

一般项目

5.4.8 塑料门窗表面应洁净、平整、光滑，大面应无划痕、碰伤。

  检验方法：观察。

5.4.9 塑料门窗扇的密封条不得脱槽。旋转窗间隙应基本均匀。

5.4.10 塑料门窗扇的开关力应符合下列规定：

  1 平开关门窗平铰链的开关力应不大于80N；滑撑铰链的开关力应不大于80N，并不小于30N。

  2 推拉门窗扇的开关力应不大于100N。

  检验方法：观察；用弹簧秤检查。

5.4.11 玻璃密封条与玻璃槽口的接缝应平整，不得卷边、脱槽。

  检验方法：观察。

5.4.12 排水孔应畅通，位置和数量应符合设计要求。

  检验方法：观察。

5.4.13 塑料门窗安装的允许偏差和检验方法应符合表5.4.13的规定。

表5.4.13 塑料门窗安装的允许偏差和检验方法

项次	项目		允许偏差（mm）	检验方法
1	门窗槽口宽度、高度	≤1500mm	2	用钢尺检查
		>1500mm	3	
2	门窗槽口对角线长度差	≤2000mm	3	用钢尺检查
		>2000mm	5	

续表

项次	项 目	允许偏差（mm）	检验方法
3	门窗框的正、侧面垂直度	3	用1m垂直检测尺检查
4	门窗横框的水平度	3	用1m水平尺和塞尺检查
5	门窗横框标高	5	用钢尺检查
6	门窗竖向偏离中心	5	用钢直尺检查
7	双层门窗内外框间距	4	用钢尺检查
8	同樘平开门窗相邻扇高度差	2	用钢直尺检查
9	平开门窗铰链部位配合间隙	+2；−1	用塞尺检查
10	推拉门窗扇与框搭接量	+1.5；−2.5	用钢直尺检查
11	推拉门窗扇与竖框平行度	2	用1m水平尺和塞尺检查

5.5 特种门安装工程

5.5.1 本节适用于防火门、防盗门、自动门、全玻门、旋转门、金属卷帘门等特种门安装工程的质量验收。

主控项目

5.5.2 特种门的质量和各项性能应符合设计要求。

检验方法：检查生产许可证、产品合格证书和性能检测报告。

5.5.3 特种门的品种、类型、规格、尺寸、开启方向、安装位置及防腐处理应符合设计要求。

检验方法：观察；尺量检查；检查进场验收记录和隐蔽工程验收记录。

5.5.4 带有机械装置、自动装置或智能化装置的特种门，其机械装置、自动装置或智能化装置的功能应符合设计要求和有关标准的规定。

检验方法：启动机械装置、自动装置或智能化装置，观察。

5.5.5 特种门的安装必须牢固，预埋件的数量、位置、埋设方式、与框的连接方式必须符合设计要求。

检验方法：观察；手扳检查；检查产品合格证书、性能检测报告和进场验收记录。

5.5.6 特种门的配件应齐全，位置应正确，安装应牢固，功能应满足使用要求和特种门的各项性能要求。

检验方法：观察；手扳检查；检查产品合格证书、性能检测报告和进场验收记录。

一般项目

5.5.7 特种门的表面装饰应符合设计要求。

检验方法：观察。

5.5.8 特种门的表面应洁净，无划痕、碰伤。

检验方法：观察。

5.5.9 推拉自动门安装的留缝限值、允许偏差和检验方法应符合表5.5.9的规定。

表5.5.9 推拉自动门安装的留缝限值、允许偏差和检验方法

项次	项目		留缝限值（mm）	允许偏差（mm）	检验方法
1	门窗槽口宽度、高度	≤1500mm	—	1.5	用钢尺检查
		>1500mm	—	2	
2	门窗槽口对角线长度差	≤2000mm	—	2	用钢尺检查
		>2000mm	—	2.5	
3	门窗框的正、侧面垂直度		—	1	用1m垂直检测尺检查
4	门构件装配间隙		—	0.3	用塞尺检查
5	门梁导轨水平度		—	1	用1m水平尺和塞尺检查
6	下导轨与门梁导轨平行度		—	1.5	用钢尺检查
7	门扇与侧框间留缝		1.2~1.8	—	用塞尺检查
8	门扇对口缝		1.2~1.8	—	用塞尺检查

5.5.10 推拉自动门的感应时间限值和检验方法应符合表5.5.10的规定。

表5.5.10 推拉自动门的感应时间限值和检验方法

项次	项目	感应时间限值	检验方法
1	开门响应时间	≤0.5	用秒表检查
2	堵门保护延时	16~20	用秒表检查
3	门扇全开启后保持时间	13~17	用秒表检查

5.5.11 旋转门安装的允许偏差和检验方法应符合表5.5.11的规定。

表5.5.11 旋转门安装的允许偏差和检验方法

项次	项目	允许偏差（mm）		检验方法
		金属框架玻璃旋转门	木质旋转门	
1	门扇正、侧面垂直度	1.5	1.5	用1m垂直检测尺检查
2	门扇对角线长度差	1.5	1.5	用钢尺检查
3	相邻扇高度差	1	1	用钢尺检查
4	扇与圆弧边留缝	1.5	2	用塞尺检查
5	扇与上顶间留缝	2	2.5	用塞尺检查
6	扇与地面间留缝	2	2.5	用塞尺检查

5.6 门窗玻璃安装工程

5.6.1 本节适用于平板、吸热、反射、中空、夹层、夹丝、磨砂、钢化、压花玻璃等玻璃安装工程的质量验收。

主控项目

5.6.2 玻璃的品种、规格、尺寸、色彩、图案和涂膜朝向应符合设计要求。单块玻璃大于1.5m²时应使用安全玻璃。

检验方法：观察；检查产品合格证书、性能检测报告和进场验收记录。

5.6.3 门窗玻璃裁割尺寸应正确。安装后的玻璃应牢固，不得有裂纹、损伤和松动。

检验方法：观察；轻敲检查。

5.6.4 玻璃的安装方法应符合设计要求。固定玻璃的钉子或钢丝卡的数量、规格应保证玻璃安装牢固。

检验方法：观察；检查施工记录。

5.6.5 镶钉木压条接触玻璃处，应与裁口边缘平齐。木压条应互相紧密连接，并与裁口边缘紧贴，割角应整齐。

检验方法：观察。

5.6.6 密封条与玻璃、玻璃槽口的接触应紧密、平整。密封胶与玻璃、玻璃槽口的边缘应粘结牢固、接缝平齐。

检验方法：观察。

5.6.7 带密封条的玻璃压条，其密封条必须与玻璃全部贴紧，压条与型材之间应无明显缝隙，压条接缝应不大于0.5mm。

检验方法：观察；尺量检查。

一般项目

5.6.8 玻璃表面应洁净，不得有腻子、密封胶、涂料等污渍。中空玻璃内外表面均应洁净，玻璃中空内不得有灰尘和水蒸气。

检验方法：观察。

5.6.9 门窗玻璃不应直接接触型材。单面镀膜玻璃的镀膜层及磨砂玻璃的磨砂面应朝向室内。

检验方法：观察。

5.6.10 腻子应填抹饱满、粘结牢固；腻子边缘与裁口应平齐。固定玻璃的卡子不应在腻子表面显露。

检验：观察。

分项工程检验批质量的验收，应在班组自检的基础上，由单位工程负责人组织有关人员，对生产产品的质量，依评定标准的要求和方法，进行现场测试之后由专职检查员核定质量等级，给出是否合格与不合格的结论。

分项工程检验批质量不合格的，必须进行修整或返工重做，直至合格为止。

2.2.2 产品保护

门窗安装工程的产品保护，主要指门窗制作拼装成品保护与门窗安装在设计位置上的产品保护两个方面。

(1) 门窗制作拼装成品保护措施

门窗制作拼装成品的保护措施，基本有以下几点：

1) 对成品自身。采取一定的加固保护措施。例如，木门窗框制作好后，应加设相应的平撑与搭头，以防止窗几何变形；铝合金的门窗樘，应用塑料粘带包裹，以防划痕碰坏门窗杆件上的氧化保护膜。

2）选择良好的堆放环境。堆放场地应平整，具有一定的承重能力，有较好的防水、防雨、防晒等条件，选择不易被机械、人员、材料构件所碰撞、覆盖、污染的地点。

3）合理的堆放方式。根据制成品的不同特点，采用合理的堆放方式，能够避免因自重而产生变形、翘曲的现象发生。

4）遮盖。使用草袋、油布、塑料膜，覆盖于成品堆垛上，改善成品的堆放条件。

5）加围。在成品堆放处的外围，加设障碍设施，或作出醒目的标记，提醒或防止人员进入。

(2) 安装成品的产品保护措施

对于正在安装中或已安装好的门窗，其产品保护措施有以下几点：

1）合理组织相应的工艺施工的程序。对于门窗安装施工的自身工序工艺及与其他分项工程中的工序工艺，合理安排它们之间的施工操作前后时间，就能避免或减少相互干扰的机遇，从而减少了因工序施工而损坏或污染门窗的可能性。例如，塑料窗扇留在墙面涂饰工程结束后安装，则大大减少了窗扇被砂浆、涂料污染的可能性。

2）采用合理的遮挡方法。在门窗上采用毡布、塑料薄膜、板材进行覆盖和遮挡，以防止其损伤与污染。

3）封闭保护。门窗安装好后，有条件的情况下，应关闭所有门窗，防止风雨及人员进入室内，避免出现损坏的现象。

2.2.3 场地清理与资料整理

(1) 场地清理

场地的清理与管理，是文明生产、标准化管理的重要内容，对于门窗工程，工作场地一般有工场或施工现场。

1）工场的清理

工场间的工后清理工作内容，一般有以下内容：

加工制品要进行正确的点数和统计，应根据班组或工位的组合规模，按类或按规格分别堆放，并尽可能进行相应的验收或移交。

对于余料与废料，必须及时处理。门窗型材的余料，应按型材的型号、规格、长度不同分类堆放整齐。使用剩余的五金等配件，应妥善管理，以便下次再使用，对于价值较高的配件，必须由专人保管，并记入相应的台账中。

工作结束后必须拉下有关机械、电气设备的开关与闸刀，切断相应的电源，按规定对机械设备进行日常的保养。

清除工作台上的杂物、整理后安放好一切工具与量测具，清扫工作场地。

检查安全防火方面的情况，如有隐患，必须立即处理。

2）施工现场的清理

施工现场的清理，不同于生产工场的清理，具有明显的项目性质，往往各个专业工种、各个工艺施工、各个工序施工相互交接交错在一起。所以，只有有关人员相互配合、相互合作，才能较好地进行施工现场的清理工作，达到现场文明施工的目的，项目结束时做到工完料尽场地清。

施工现场的清理工作内容，一般为以下几项：

（a）材料与配件的整理。各种构件与配件按不同的型号、种类、规格的大小或长度，分别堆放于规定的地方，对于使用的剩余材料应及时清理。贵重材料必须清点与登账，放置于专门的地方，并进行移交。

（b）机电设备的检查和保养。每天工作结束时，应做好日常的机电设备的保养工作，并拉下开关电闸，使之处于关闭无电状态。露天的机具设备做好覆盖保护工作。有关临时拖拉的电线电缆应收盘后放置在规定的地方。门窗安装工程施工结束时，应做好机具搬场前的相应保养工作，由专职电工拆除电源设施，并适时转移到相应的地点。小型电动工具应擦拭加油进行例行保养，并装入相应的工具箱中，以便转移到新的工作地点。

（c）安全操作措施。每天工作结束时，要认真检查防火措施的实况、火源的处理现状，例如电焊的火花、香烟头、电线接头的外露等，以防复燃等现象而形成火灾。每天工作结束时，对容易发生坠落事故的部位，如洞口、挑空楼板等处，应采取相应的防护措施，以防人员误入而造成伤害事故。

（d）场地清扫。每天工作结束后，应清除工作台面上的余物，整理收集好各种手工工具，并放置于专用的工具袋或工具箱中。适时清扫施工场地中产生的杂物和垃圾，并堆放在规定的地方。门窗安装工程施工结束的最后阶段，对施工现场进行全面的清扫工作，做到工完料尽场地清，以便交付下个工序工艺的施工操作。

（2）施工资料的整理

当门窗工程施工结束时，应对相应的施工资料进行全面与系统的收集与整理。施工资料包含有以下几项内容：

1）有关门窗工程的施工日记。
2）门窗工程的施工图、翻样图、修改图等。
3）材料、构件、配件的产品合格证书、性能检测报告、进场验收记录和复检报告。
4）隐蔽工程验收记录。
5）各分项工程检验批的质量验收记录。
6）门窗制作与安装的施工方案组织设计文件。
7）门窗制作与安装的施工任务书及相应的结算资料。
8）门窗工程施工中的有关备忘录、通知书等资料。

这些资料对于建立技术档案、工程验收、成本分析、工程案例的处理等方面，起着十分重要的作用。所以，在收集资料时要全面收集真实情况，严禁弄虚作假。否则，要追查相应的职业责任与法律责任。

实 训 课 题

3.1 基 本 项 目

3.1.1 木门安装

（1）木门施工图

图3-72为某一木门的安装施工图，即对木门M3进行嵌樘子、亮子、门扇及相应五金的安装。

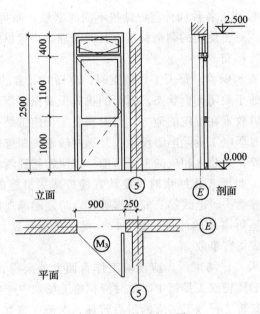

图 3-72 木门施工图

现假定：砖墙洞口已留出，洞侧预埋木砖已设置，墙面抹灰厚度为 18mm。

(2) 材料、构配件

安装中所需用的材料、构配件及五金见表 3-3。

主要用料表 表 3-3

名　称	规　格（mm）	单位	数量	备　注
门框	900×2500	樘	1	带中悬亮子
门扇	900×2200	扇	1	半玻璃（带玻璃）
亮子扇	900×400	扇	1	（带玻璃）
普通铰链	125	只	2	配木螺钉 40mm×5mm×8个
翻窗铰链	65	付	1	配木螺钉 25mm×4mm×8个
翻窗插锁	50	只	1	配木螺钉 18mm×3.5mm×6mm个
锁	球形锁（628～2）	把	1	
圆钉	10 号	个		固定门框
门轧头	横式	付	1	
玻璃	5mm 厚	块	2	
玻璃木压条		m		

检查框、扇的形状与相应的尺寸。检看五金设备的外观质量、配备零件情况，阅读相应的说明书。

(3) 机具

木门安装中使用的机具与设备主要有以下几种：

1) 操作凳

操作凳一般用木材钉制而成，用以支靠框、扇等配件，以便进行锯割及刨削加工。

2) 刨削与锯割工具

常为木工刨子与框锯，用于扇的刨削与锯割加工。对于工作量大的工程，可配备相应的木工刨削与锯割机械。

3) 凿削与钻孔工具

使用凿子进行铰链安装中的凿槽作业，常使用薄刃阔口凿。电动螺丝刀或手摇钻（螺钉旋具的俗称）用于钻制门扇上的圆孔，以便安装门锁，其钻的直径应与锁的芯部相匹配。

4) 量测具

常用2m的钢卷尺作为量尺，因伸缩自如，故使用与保管方便。塞尺用于测定各种缝隙的宽度尺寸，常用硬木制成。线锤靠板用以测定构件的安置垂直度，其长度为1500～2000mm。

5) 其他工用具

木门安装中必须使用木工的一般操作手工工具，例如斧、锤子、螺丝刀（螺钉旋具的俗称）。若安装硬质木材的木螺钉，则应先使用手枪钻打孔。

为了临时固定框或门扇，必须使用木楔进行调整，故应配有2～4个木楔。

(4) 安装施工工艺流程

木门的安装工艺流程如图3-73所示。

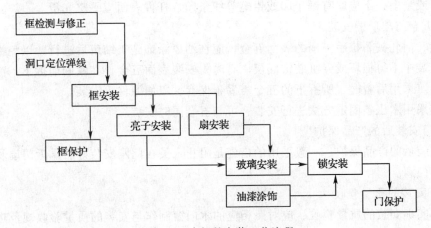

图3-73 木门的安装工艺流程

(5) 工艺施工要点

1) 准备工作

对框应该进行方正度、平整度、几何形状的检查，对不符合的情况必须整修或调换，直至合格为止。

根据室内标高水平线及室内地坪的建筑标高决定门框的垂直位置。门框的水平位置有洞口中的前后进出及左右移动两个方向。应按门的平面图设计要求及墙面装饰构造做法的要求而定。现场中的洞口尺寸，不等于设计图纸中洞口尺寸，设计洞口尺寸不等于框安装时的需要尺寸。确定洞口中的定位线标高后，对洞口的实际尺寸进行测定，复核其框的安装所要求的尺寸，若有问题则应敲凿或补砌，直至合格为止。

2) 框的安装

框嵌入前，应该弄清门扇的设置位置和开启方向。

框梃下部的锯路线，应与楼地面的建筑标高保持一致，框梃底端应埋入楼地面装饰层，下部应填实。

在框安装校正时，必须根据定位弹线校正框梃的垂直度，框梃与冒之间的方正度，框平面的平整度，防止框平面发生翘曲现象。

框与墙之间应留有一定的孔隙，框与预埋木砖之间的连接点，应用小木块填实。

做好框的保护工作。在框底端未固定前不得拆除梃之间的临时支撑木条。对于装饰要求较高的门框，在框梃的外侧面应设置大于1800mm高的护梃板，以防碰撞损坏。

3）扇的安装

在亮子扇、门扇安装前，必须对其进行检查，检查其形状、尺寸及表面杂色的污染等情况。安装中只能使用合格的亮子扇与门扇。

若有裁口结合的双扇门扇或亮子扇，应先做或修正裁口，然后再根据框上要求量测扇面的尺寸。合理刨削或锯割扇的边侧部分。

铰链在扇上的设置位置一般可按扇高的1/10定出。翻窗铰链的转轴心位置应在亮子扇高度的中点略下一点，以便开启时不因重心而自行关闭。铰链的安装凹槽应开设正确。扇的安装离缝宽度应合乎规定，并能考虑到门扇的自重下沉及油漆涂刷时对缝宽的影响。

扇安装后一定要进行试开启与关闭，修整自开、自闭、翘曲等各种不良现象。

门框或扇上，不应留有锤子印或铅笔等线条印，杆件表面应平整光滑。

4）五金与玻璃的安装

门锁、门轧头、拉手等扇的表面五金，应在油漆涂饰施工结束后进行，以免涂料弄脏五金，安装中不得损坏或弄脏装饰面层。有时先安装表面五金，在涂刷前拆下，涂刷结束后再装上。采用后者时，所拆下的五金需妥善保存，以便原件再安装。

玻璃采用木压条固定方法进行安装，可与五金同时安装。

5）门安装后的产品保护

门安装后的产品保护，一般采用的措施是阻止人员在门刚安装好后靠近门扇和用其他物件触及门扇。

（6）安装的质量验收

木门实训安装的质量验收，应对照相应的木门窗制作与安装的质量验收规范进行，确定相应的验收条目，选用规定的检测方法，测定产品的检测数据，然后对照标准评定安装的质量等级。

表3-4为制作木门实训安装用的质量检测评分表格。

（7）木门窗的制作与安装质量问题

1）制作问题

木门窗制作的常见质量问题及产生原因如下：

（a）门窗框变形

立框前，门框的边梃、上槛、中贯档发生弯曲或者扭曲、反翘，框立面不在同一平面内。立框后，与框接触处的抹灰层挤裂或脱落，或者边梃与抹灰层离开，变形轻则扇开关不灵活，变形重则扇关不上或关不平，用力关上后则拉不开，造成无法使用的后果。

木门实训安装用的质量检测评分表　　　　表 3-4

		项 目 内 容	质量检测记录			
主控项目	1	开启方向、安装位置及连接方式应符合设计要求				
	2	框的安装、预埋木砖的防腐处理、框的固定点数量、位置及固定方法应符合设计要求				
	3	扇的安装必须牢固，开关灵活，关闭严密，无倒翘				
	4	门配件的型号、规格、数量应符合设计要求，安装牢固，位置正确、功能满足使用要求				
一般项目	1	木门表面应洁净，不得有刨痕、锤印				
	2	框与墙之间的缝隙，填嵌材料应符合设计要求，填嵌应饱满，寒冷地区的保温材料填嵌应符合当地要求				
	3	木门窗的批水、盖口条、压缝条、密封条的安装应顺直，结合牢固、严密				
留缝极限与允许偏差		项　　目	允许值（mm）	检测记录		
				1	2	3	4
	1	门槽口对角线长度差	3				
	2	框的正侧面垂直度	2				
	3	框与扇接缝高低差	2				
	4	门扇对口缝	1~2.5				
	5	门窗扇与上框间的缝	1~2				
	6	门窗扇与侧框间的缝	1~2.5				
	7	窗扇与下框间的留缝	2~3				
	8	门扇与地面的留缝	5~8				
检测数		合格数		合格率　　　（%）		评分	

其原因为：木材含水率超过规定标准，木材发生干变形，其径向与弦向的干缩程度不一样。框的各杆件来自于不同的原木部位，随着各不同部位的变形不同，框杆件也形成不同的干缩变形，框也跟着变形；框杆件用材不当，使用了"迎风背"部位的锯材。此种材质本身极其容易发生变形，或使用了斜纹超过一定数值的锯材，也易发生变形；使用的木材进行窑干燥处理方法中，没有经过后处理，使木材留下了较大的残余应力；成品堆放中，底部没有垫平，或露天堆放时，表面没有遮盖，或油漆剥落后没有及时补刷油，因而框受到风吹、雨淋、日晒，再次发生胀缩而变形。

（b）门窗扇翘曲

门窗扇不在同一平面内；或安装后关不牢，插销棍插不进销孔。

其原因为：木材含水率超规，由于取材部位的差异，杆件收缩、膨胀的情况不一致；制品拼装后没有及时刷底子油防潮，或安装后没有及时油漆，则遇到风吹、雨淋、日晒再次发生胀缩变形；杆件中油"迎风背"锯材，产生材质性弯曲变形；扇的杆件断面选择不当，因刚度不足而容易引起变形；制作质量低劣，榫接结构不良、拼装质量不好，因而产品成型时就呈翘曲状态。

(c) 门窗扇窜角

门窗扇的两相应对角线长度不相等。窜角的门窗扇安装后，上下冒头的宽度均不相等。

其原因为：榫头与榫扇加工不方，安装后边梃和冒头不能相互垂直与密实；榫眼不方正、孔的两端斜度对称；拼装时不规范；拼装中加楔位置不当，引起窜角；搬运过程中摔碰严重。

(d) 门窗刨痕

木材经刨削加工后，表面留下加工波纹或槽坑，影响外观质量。

(e) 门窗安装后下垂

门窗使用一段时间后，门窗扇甩边下垂，扇上端缝隙变大、扇下端缝减小，直至出现开关碰撞的现象出现。

其原因为：木材的含水率超标；门窗扇安装后没有及时油漆；门窗扇的幅面过宽过高，且杆体的用料断面过小，扇的刚度不足；安装时选用的铰链匹配过小、木螺钉松动；扇的制作质量低劣。

2) 安装问题

木门窗在安装中，常出现以下的质量问题：

(a) 框表面粗糙

门窗框表面不平、不光、钉眼过大。

其原因为：门窗框成品进场后堆放保护措施不到位，出现材面的收缩纹理；框安装后，未采取相应的保护措施，遭磕碰使立梃缺锯角、劈裂；立梃与预埋木砖的连接结构不合理。

(b) 框平面翘曲

框的平面不在一个垂直平面上，无法进行扇的安装而达到合格质量水平。

其产生原因为：框的立梃不在同一垂直面上；安装后没有及时将立梃下脚用水泥砂浆固定；门梃遭碰撞而移位。

(c) 框窜角不方正

框槽口对角线相应不相等，无法进行扇的安装而达到合格的质量水平。

其原因为：对框卡方不准或根本没有卡方，框的相应两个对角线不相等，客观上造成框不方正；在安装中仅对一根梃吊线检测（并没对冒头进行水平度检测）；安装后被碰撞移位。

(d) 门窗框位置不正确

门窗框高低不平、里外不一致。有筒子板的门窗口，造成宽窄不一。多层建筑中上下层窗口位置不垂直或各层的门窗不在同一设计水平线上。

其原因为：门窗的定位弹线有误，或定位弹线正确，但安装时不按线安装，没有充分考虑门窗套的设置要求。

(e) 门窗框松动

门窗安装后，使用不久便产生松动；当门窗扇关闭撞击门窗框，使门窗口灰皮裂开成缝、直至脱落。

其原因为：框与墙体固定不牢，受振动后逐渐与墙体脱离；洞口尺寸过大、框与墙之间的空隙较大,影响了框与墙体的连接能力;框与墙体之间空隙的塞灰不实不严,或所填灰浆稠度大,使框体、灰砂、墙体三者之间分离,造成门窗框松动。

(f) 门窗扇翘曲

扇的四个角与框不能全部靠实紧贴,其中一个角跟框保持一定距离。

其原因为:扇成品或框自身翘曲而没有进行修正;铰链的安装中,在横向和进出位置上,与框或扇的连接处理不妥。

(g) 门扇锁木位置颠倒

按锁孔位置打眼后,两张面板之间没有锁木,无法装锁。安装时只需轻轻敲击锁孔位置的面板,就能立即发觉锁木的有无,然后再决定是否钻锁眼即可防止此类问题的产生。

(h) 门窗扇的开启方向

门窗扇的开启方向没有按设计要求或在设计没有规定时按习惯进行了安装。

开启的方向,一般由相应的开启图例所表示,常在相应的平面图、立面图中查得。

门窗扇安装玻璃的一面,处于外墙中的门窗,应朝向室外;处于走廊、走道中的门窗,应朝向走廊或走道;处于厨房、卫生间的内墙中的门窗应朝向厨房或卫生间。

3.1.2 玻璃弹簧门安装

(1) 玻璃弹簧门施工图

图 3-74 为某工程中的不锈钢门框全玻璃弹簧门的施工图。图 3-75 为框的部分节点构造示意图。

现根据施工图与节点大样图假定,采用厚 12mm 的钢化玻璃为门扇与亮子扇,活动门扇设置地弹簧,拉手由不锈钢板料做成,门框为不锈钢饰面板。

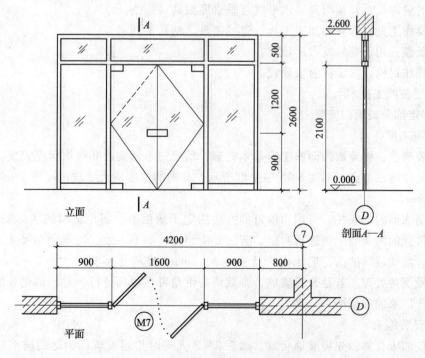

图 3-74 不锈钢门框全玻璃弹簧门施工图

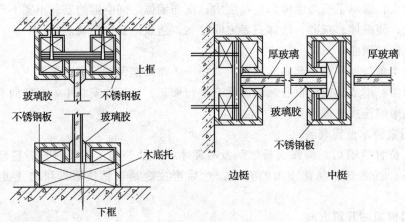

图 3-75 框的部分节点构造示意图

(2) 材料、构配件

安装中的材料、构配件主要有：

钢化玻璃：厚度为 12mm，大小有好几种，应从节点大样的构造做法中推算出来。

木料：作为玻璃的托木及木夹条。

不锈钢板材：一般购置板材，在施工中按设计要求进行裁剪和加工成相应的型材。

环氧树脂胶：又称万能胶，用于粘结不锈钢板材。

玻璃胶：又称玻璃硅质密封胶，用以固定玻璃、封闭玻璃与不锈钢槽口间的缝隙。

地弹簧及相应的配件：安装活动玻璃门扇。

(3) 主要机具

一般的量测具：长度测具、水平度与垂直度测具、弹线。

基本操作工具：木材的加工工具、弹线工具、钻孔工具。

玻璃吸盘：用于翻转或搬运玻璃。

密封胶注射枪：用于注射玻璃胶。

(4) 安装施工技术

1) 固定部分玻璃门安装

(a) 施工准备

安装玻璃前，楼地面饰面施工应基本完毕，门框的不锈钢或其他饰面应完成，门框顶部的玻璃限位槽已留出，如图 3-75 中上框所示。其槽的宽度应大于玻璃厚度 2~4mm，槽深 10~20mm。

不锈钢饰面的木底托，可用木楔钉的方法固定于地面上。固定玻璃的实际安装尺寸，应从安装位置的两端与中间进行测定。若三处所测尺寸的不一致，则取最小尺寸为裁切玻璃的尺寸。裁切玻璃的高，应比实测尺寸小 3~5mm，宽应比实测尺寸小 2~3mm。玻璃的四周要做倒角处理。若是普通玻璃，则裁切与倒角可在现场进行，对于钢化玻璃，则应由玻璃生产厂家加工完毕。

(b) 安装施工

使用玻璃吸盘器，先将玻璃吸紧，然后 2~3 人同时抬运玻璃。抬运的玻璃应先插入框顶的限位槽内；然后放置于底托上，并对好安装位置，使玻璃的边部进入框的侧槽口间的空隙较大,影响了框与墙体的连接能力;框与墙体之间空隙的塞灰不实不严,或所填灰浆稠度大,使框体、灰砂、墙体三者之间分离,造成门窗框松动。

(f) 门窗扇翘曲

扇的四个角与框不能全部靠实紧贴,其中一个角跟框保持一定距离。

其原因为:扇成品或框自身翘曲而没有进行修正;铰链的安装中,在横向和进出位置上,与框或扇的连接处理不妥。

(g) 门扇锁木位置颠倒

按锁孔位置打眼后,两张面板之间没有锁木,无法装锁。安装时只需轻轻敲击锁孔位置的面板,就能立即发觉锁木的有无,然后再决定是否钻锁眼即可防止此类问题的产生。

(h) 门窗扇的开启方向

门窗扇的开启方向没有按设计要求或在设计没有规定时按习惯进行了安装。

开启的方向,一般由相应的开启图例所表示,常在相应的平面图、立面图中查得。

门窗扇安装玻璃的一面,处于外墙中的门窗,应朝向室外;处于走廊、走道中的门窗,应朝向走廊或走道;处于厨房、卫生间的内墙中的门窗应朝向厨房或卫生间。

3.1.2 玻璃弹簧门安装

(1) 玻璃弹簧门施工图

图 3-74 为某工程中的不锈钢门框全玻璃弹簧门的施工图。图 3-75 为框的部分节点构造示意图。

现根据施工图与节点大样图假定,采用厚 12mm 的钢化玻璃为门扇与亮子扇,活动门扇设置地弹簧,拉手由不锈钢板料做成,门框为不锈钢饰面板。

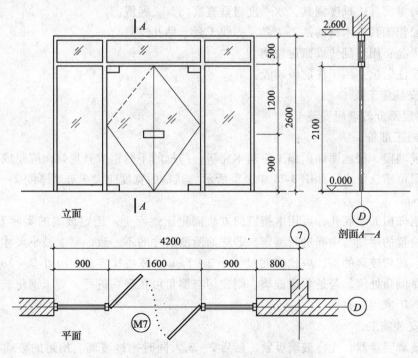

图 3-74 不锈钢门框全玻璃弹簧门施工图

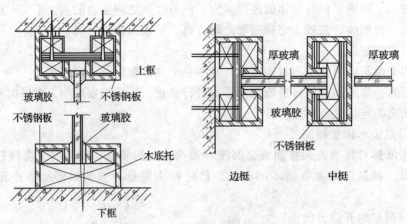

图 3-75 框的部分节点构造示意图

(2) 材料、构配件

安装中的材料、构配件主要有：

钢化玻璃：厚度为 12mm，大小有好几种，应从节点大样的构造做法中推算出来。

木料：作为玻璃的托木及木夹条。

不锈钢板材：一般购置板材，在施工中按设计要求进行裁剪和加工成相应的型材。

环氧树脂胶：又称万能胶，用于粘结不锈钢板材。

玻璃胶：又称玻璃硅质密封胶，用以固定玻璃、封闭玻璃与不锈钢槽口间的缝隙。

地弹簧及相应的配件：安装活动玻璃门扇。

(3) 主要机具

一般的量测具：长度测具、水平度与垂直度测具、弹线。

基本操作工具：木材的加工工具、弹线工具、钻孔工具。

玻璃吸盘：用于翻转或搬运玻璃。

密封胶注射枪：用于注射玻璃胶。

(4) 安装施工技术

1) 固定部分玻璃门安装

(a) 施工准备

安装玻璃前，楼地面饰面施工应基本完毕，门框的不锈钢或其他饰面应完成，门框顶部的玻璃限位槽已留出，如图 3-75 中上框所示。其槽的宽度应大于玻璃厚度 2～4mm，槽深 10～20mm。

不锈钢饰面的木底托，可用木楔钉的方法固定于地面上。固定玻璃的实际安装尺寸，应从安装位置的两端与中间进行测定。若三处所测尺寸的不一致，则取最小尺寸为裁切玻璃的尺寸。裁切玻璃的高，应比实测尺寸小 3～5mm，宽应比实测尺寸小 2～3mm。玻璃的四周要做倒角处理。若是普通玻璃，则裁切与倒角可在现场进行，对于钢化玻璃，则应由玻璃生产厂家加工完毕。

(b) 安装施工

使用玻璃吸盘器，先将玻璃吸紧，然后 2～3 人同时抬运玻璃。抬运的玻璃应先插入框顶的限位槽内；然后放置于底托上，并对好安装位置，使玻璃的边部进入框的侧槽口中；最后套入中梃，玻璃的另一边插入中梃的侧槽口中，随即校正中梃的水平位置和垂直度并固定之。

在底托木上玻璃板两旁钉设小木夹条，使其距玻璃板面4mm左右。然后，在小木条及底托侧面涂刷万能胶，将饰面不锈钢板型材片粘在小木条与底托木上。

使用玻璃胶对玻璃板周边接缝进行嵌缝密封处理。首先，将一支玻璃胶开封后装入玻璃胶注射枪内，用玻璃枪的后压杆端头板顶住玻璃胶罐的底部，然后，一只手托住玻璃胶注射枪身，一只手握住注射枪注胶压柄，并不断地调整压顶力，使玻璃胶从注口处少量挤出，随即把玻璃胶的注口对准需要封口的缝隙进行封口操作。

注射玻璃胶封口的操作，应从缝隙的端头开始，操作的要领是握紧压柄、用力均匀、顺着缝隙移动的速度均匀，即随着玻璃胶的挤出，匀速移动注射口，使玻璃胶液在缝隙处形成一条表面均匀的直线。最后，用塑料片刮去多余的玻璃胶，并用干净的布片擦去胶迹。

对于固定部分的玻璃，往往采用垂直缝对接的方法，形成大宽度的玻璃面，以满足设计或施工的需要。在厚玻璃对接时，对接缝应留缝隙2~3mm，且边角需倒角。当两块对接的玻璃定位并固定后，用玻璃胶从下往上注入缝隙中，注满之后用塑料片在玻璃板的两面刮平玻璃胶，用净布片擦去胶迹。

2）固定亮子玻璃片的安装

上部固定亮子的玻璃片安装，方法基本上同固定门扇的玻璃片安装。需要指出的是，玻璃安装的方便与否、安装后的外观质量，与相应的节点构造方法有较大的关系。图3-76为亮子玻璃几个构造节点详图可供参考。在安装中，对框的构造设置可调整为与固定门扇框的构造做法相一致。

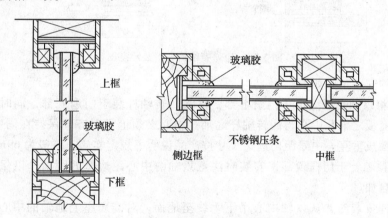

图3-76 固定玻璃亮子的节点样示意图

3）活动玻璃门扇安装

活动厚玻璃门扇的结构中没有扇框架，门扇的开闭用地弹簧来实现，地弹簧又是与门扇的金属上下档连接的铰链部件，如图3-77所示。

地弹簧实际是一种特殊的门扇铰链，是重型门扇下装置的一种自动闭合器。当门扇向内或向外开启角度不到90°时，它能使门扇自动关闭，而且可以调整自动关闭的速度。如果需门扇暂时开启一段时间不要关闭，则将门扇开启到90°位置，它即失去自动关闭的作

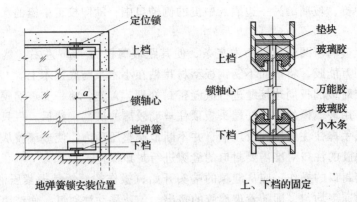

图 3-77 地弹簧的布置示意图

用。当门扇开启一段时间后需关闭时,可将门扇略微拉动一下,即可恢复自动关闭的功能。这种自动闭门器主要结构埋于地下。门扇上不需另行设置其他铰链或定位器。图 3-78 为地弹簧的结构与组装示意图。

地弹簧有轻型及重型两种类型,并分别有铝质或铜质面板。根据门扇的大小,使用要求的特点选择相应的地弹簧类别、材质和型号。

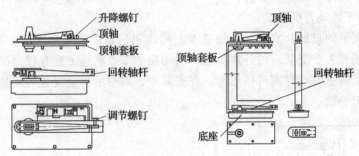

图 3-78 地弹簧结构与组装示意图

地弹簧的安装步骤如下:

(a) 先将顶轴套板固定于门扇上部,再将回转轴杆装于门扇底部,同时将螺钉装于两侧,顶轴套板之轴孔中心与回转轴杆之轴孔中心必须上下对齐,保持在同一中心线上,并与门扇底面成垂直。中线距门扇边尺寸按产品说明书规定实施,一般为 69mm。

(b) 将顶轴装于门框顶部,安装时注意顶轴的中心距边梃的距离,以保持门扇的开启闭合灵活自如。

(c) 底座安装时,从顶轴中心吊下垂线至地面,对准底座上地轴的中心,同时保持底座的水平,以及底座上面板和扇底部的缝隙为 15mm,然后将外壳用混凝土填实浇固,并注意切不可将内壳浇牢。

(d) 待混凝土养护期满,将门扇底下回转轴的轴孔套在底座的地轴上,再将门扇顶部顶轴套板的轴孔和门框上的顶轴对准,拧动顶轴上的升降螺钉,使顶轴插入轴孔 15mm,门扇即可关启使用。

(e) 如果要调节门扇启闭速度,则先将底座面板上的固定螺钉拧去,螺钉孔对准的即为油泵调节螺钉,按逆时针方向拧动调节螺钉,门扇转速加快;相反,则门扇转速变慢。

中；最后套入中梃，玻璃的另一边插入中梃的侧槽口中，随即校正中梃的水平位置和垂直度并固定之。

在底托木上玻璃板两旁钉设小木夹条，使其距玻璃板面4mm左右。然后，在小木条及底托侧面涂刷万能胶，将饰面不锈钢板型材片粘在小木条与底托木上。

使用玻璃胶对玻璃板周边接缝进行嵌缝密封处理。首先，将一支玻璃胶开封后装入玻璃胶注射枪内，用玻璃枪的后压杆端头板顶住玻璃胶罐的底部，然后，一只手托住玻璃胶注射枪身，一只手握住注射枪注胶压柄，并不断地调整压顶力，使玻璃胶从注口处少量挤出，随即把玻璃胶的注口对准需要封口的缝隙进行封口操作。

注射玻璃胶封口的操作，应从缝隙的端头开始，操作的要领是握紧压柄、用力均匀、顺着缝隙移动的速度均匀，即随着玻璃胶的挤出，匀速移动注射口，使玻璃胶液在缝隙处形成一条表面均匀的直线。最后，用塑料片刮去多余的玻璃胶，并用干净的布片擦去胶迹。

对于固定部分的玻璃，往往采用垂直缝对接的方法，形成大宽度的玻璃面，以满足设计或施工的需要。在厚玻璃对接时，对接缝应留缝隙2~3mm，且边角需倒角。当两块对接的玻璃定位并固定后，用玻璃胶从下往上注入缝隙中，注满之后用塑料片在玻璃板的两面刮平玻璃胶，用净布片擦去胶迹。

2）固定亮子玻璃片的安装

上部固定亮子的玻璃片安装，方法基本上同固定门扇的玻璃片安装。需要指出的是，玻璃安装的方便与否、安装后的外观质量，与相应的节点构造方法有较大的关系。图3-76为亮子玻璃几个构造节点详图可供参考。在安装中，对框的构造设置可调整为与固定门扇框的构造做法相一致。

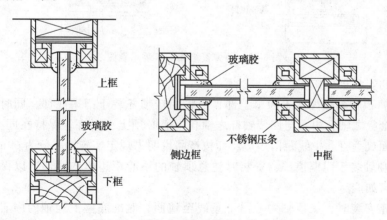

图3-76 固定玻璃亮子的节点样示意图

3）活动玻璃门扇安装

活动厚玻璃门扇的结构中没有扇框架，门扇的开闭用地弹簧来实现，地弹簧又是与门扇的金属上下档连接的铰链部件，如图3-77所示。

地弹簧实际是一种特殊的门扇铰链，是重型门扇下装置的一种自动闭合器。当门扇向内或向外开启角度不到90°时，它能使门扇自动关闭，而且可以调整自动关闭的速度。如果需门扇暂时开启一段时间不要关闭，则将门扇开启到90°位置，它即失去自动关闭的作

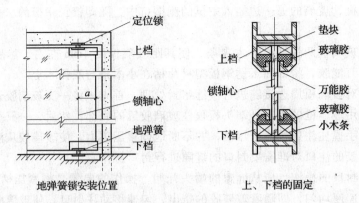

图 3-77　地弹簧的布置示意图

用。当门扇开启一段时间后需关闭时,可将门扇略微拉动一下,即可恢复自动关闭的功能。这种自动闭门器主要结构埋于地下。门扇上不需另行设置其他铰链或定位器。图 3-78 为地弹簧的结构与组装示意图。

地弹簧有轻型及重型两种类型,并分别有铝质或铜质面板。根据门扇的大小,使用要求的特点选择相应的地弹簧类别、材质和型号。

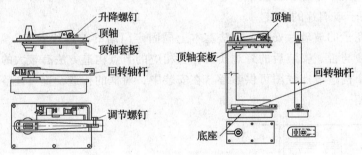

图 3-78　地弹簧结构与组装示意图

地弹簧的安装步骤如下:

(a) 先将顶轴套板固定于门扇上部,再将回转轴杆装于门扇底部,同时将螺钉装于两侧,顶轴套板之轴孔中心与回转轴杆之轴孔中心必须上下对齐,保持在同一中心线上,并与门扇底面成垂直。中线距门扇边尺寸按产品说明书规定实施,一般为 69mm。

(b) 将顶轴装于门框顶部,安装时注意顶轴的中心距边梃的距离,以保持门扇的开启闭合灵活自如。

(c) 底座安装时,从顶轴中心吊下垂线至地面,对准底座上地轴的中心,同时保持底座的水平,以及底座上面板和扇底部的缝隙为 15mm,然后将外壳用混凝土填实浇固,并注意切不可将内壳浇牢。

(d) 待混凝土养护期满,将门扇底下回转轴的轴孔套在底座的地轴上,再将门扇顶部顶轴套板的轴孔和门框上的顶轴对准,拧动顶轴上的升降螺钉,使顶轴插入轴孔 15mm,门扇即可关启使用。

(e) 如果要调节门扇启闭速度,则先将底座面板上的固定螺钉拧去,螺钉孔对准的即为油泵调节螺钉,按逆时针方向拧动调节螺钉,门扇转速加快;相反,则门扇转速变慢。

在安装门扇玻璃片与上、下档中，一般使用万能胶固定。玻璃胶密封的方法，上、下档与玻璃板咬合的深度，可用垫衬小木条来调整。

4) 玻璃门扇拉手的安装

安装拉手时的注意事项为：拉手的连接部位，插入玻璃板的拉手孔不能过紧，应略有松动。如果过松，可以在插入部分裹上软质胶带。安装前在拉手插入玻璃的部分涂少许玻璃胶。拉手组装时，其根部与玻璃板面板紧贴密靠后再上紧固定螺钉，以避免拉手出现松动的现象。

（5）玻璃门的安装验收

玻璃门的施工质量验收，一般参照相应的特种门安装工程进行。

（6）玻璃门窗的成品保护及技术安全措施

在这里介绍的是门窗玻璃工程的有关内容，当然也包括全玻璃门或窗的工程。

1) 成品保护

门窗玻璃安装后，应将风钩挂好或插上插销，防止刮风损坏玻璃，并将多余的玻璃和碎玻璃随即清理送库。未安装完的半成品玻璃应妥善保管，保持干燥，防止受潮发霉。玻璃在堆放时应平稳立放，防止倾倒损坏。

凡已安装完玻璃工程的房间，应指派人员看管维护，负责门窗的闭启控制。

面积较大，造价较昂贵的玻璃，原则上应在单位工程验收前安装。

填封密封胶条或玻璃胶的门窗，应静待 12h 以上待胶干后，方能开启。

避免强酸性洗涤剂溅到玻璃上。如已溅上，应立即用清水冲洗。对于热反射玻璃的反射膜面，若溅上碱性灰浆，也应立即用水冲洗干净，以免反射膜变质。

不能用酸性洗涤剂或含研磨粉的去污粉清洗反射玻璃的反射膜面，以免在反射膜上留下伤痕或使膜体脱落。

防止焊接、切割及喷砂等作业时产生的火花或飞溅的颗粒物损伤玻璃。

2) 安全技术措施

因为玻璃一般为易脆材料，容易破碎伤人，所以在搬运、裁割、安装作业等过程中，要注意安全、防止事故发生，安全技术措施主要有以下内容：

搬运玻璃时应戴好手套，小心接触玻璃体，防止伤手伤身。

裁割玻璃时，应在指定地点进行，随时清理边角废料，并集中堆放。玻璃裁割后，移动玻璃板离开台面时，手应抓稳玻璃片，防止掉下伤脚。

安装玻璃时，不得穿短裤和凉鞋。安装玻璃时，应将钉子、工具放在工具袋内，不得口含钉子进行操作。安装上下层玻璃窗扇时，不可垂直同时进行，应该错位进行。

在玻璃未钉牢固之前，不得中途停工，以防掉落；如安装的不合适，不得用工具硬撬；安装完毕后，窗应挂钩插上插销，门应锁牢或用木楔固定，防止刮风损坏玻璃。

高空安装玻璃时必须正确系好安全带，穿好防滑鞋，使用工具袋，往高空堆放的玻璃应放置平稳，作业区的垂直下方禁止通行。

使用高凳靠梯时，下脚应绑设防滑麻布、胶皮等材料，中间设拉绳，以防滑溜。不得将梯子靠在门窗扇上。

安装屋顶采光玻璃时，下方应有保护措施，阻止其他人员走进。

在油灰加工处和施工地点，应事前清理干净。油灰里严防混入碎玻璃等杂物，避免涂抹时划伤手。

(7) 质量问题

在这里,主要介绍玻璃门窗方面的质量通病。常见的质量问题有以下几个方面:

1) 玻璃不干净或有裂缝、气泡、波纹

产生原因为:玻璃表面的污物未清理干净。玻璃本身有缺陷而选择中没有清除,钉子安装时将玻璃挤裂,玻璃片尺寸过大而分槽口顶得过紧。

2) 玻璃装完后松动或不平整

产生原因为:裁口内的胶渍、灰砂颗粒、木屑等未清除干净,未铺垫底油灰,或底油灰厚薄不均、漏涂,玻璃裁割的尺寸偏小,影响钉子或卡子的固定程度,钉子没有贴紧玻璃,形成浮钉而不起作用。

3) 油灰涂刷不良

油灰涂刷里外不均匀、高低不平、露钉,棱角不规矩,油灰流淌、皱皮、裂纹、脱落。

产生原因为:油灰材质不良、配料不对、拌制操作有问题、涂刷不合乎操作规程。

4) 玻璃板面发霉,出现擦不掉的虹影白斑,不透明甚至黏片的现象

产生原因为:玻璃表面的碱性组成成分与空气中水蒸气、CO_2作用,形成碱性溶膜,依附在玻璃板表面对玻璃产生腐蚀,亦称玻璃风化。当保管不当、特别是成箱叠放时更容易受潮发霉。

5) 玻璃在槽口中的位置不正,出现偏斜、空隙不足等现象

产生原因为:槽口中杂物未清除干净、垫块位置不准确、玻璃放置时没有校正好位置、玻璃裁割时尺寸过大、密封胶注入不对称。

6) 密封不实,玻璃松动

产生原因为:橡胶条拧得不紧,或橡胶块的上下位置不一致,注胶时速度不均,胶体未凝固硬化时受震动。

3.1.3 铝合金窗安装

(1) 铝合金窗安装施工图

图3-79为铝合金窗的实训施工图或塑料窗的实训施工图。

现以铝合金窗为例,作为实习的对象。

假定:砖墙洞口已留出,洞口及墙面均为混合砂浆抹灰层,抹灰层厚度为20mm,窗居于墙身中心。

(2) 材料、构配件

安装中所需要的成品构件及配件基本包括如下:

1) 已经拼装好的铝合金平开窗,包括窗框、窗扇及相应的玻璃。

2) 窗的配件,包括平开风撑及窗扇扣紧件、连接钢板、压条、橡皮条、玻璃胶、铝制拉铆钉、自攻螺钉、膨胀螺栓等。

(3) 机具

安装铝合金或塑料门窗的机具,一般为切割机、手电锯、手电钻、拉铆枪、扳手、角尺、吊线坠、打胶筒、锤子、水平尺等。

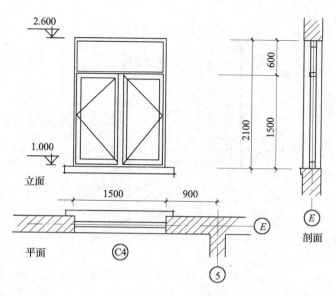

图 3-79 铝合金或塑料窗

(4) 铝合金窗的安装工程

铝合金窗的安装工程流程如图 3-80 所示。

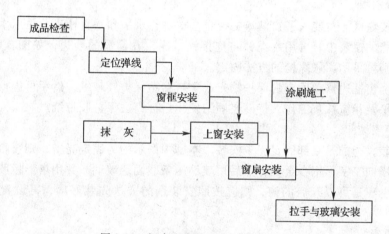

图 3-80 铝合金窗的安装工程流程图

(5) 安装技术

1) 成品检查

对进场的铝合金窗必须进行认真的检查,检查的内容为:

(a) 框、扇的成品包装保护情况是否良好无破损。

(b) 框、扇的型号、大小、材质、节点结合、形状等质量情况。

(c) 窗的配件情况,即配件的数量、质量情况。

2) 定位弹线

根据设计要求,结合施工实际现状,按垂直、水平、墙身中间进出三个方向,进行窗的安装位置的定位,并弹出相应的位置线,如图 3-81 所示。

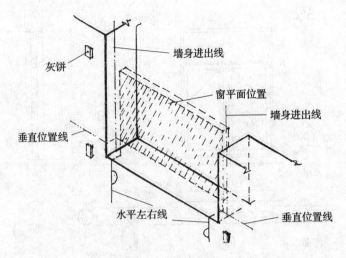

图 3-81 定位的位置线示意图

首先,对窗洞口根据弹线情况,用水泥砂浆修正,使窗洞口尺寸大于铝合金外围尺寸 30mm 左右,根据设计要求,并留出相应窗套、窗盘的位置。然后,在铝合金框的四周安装镀锌连接钢板,每边至少两个。

3) 安装窗框

嵌入安装窗框,对装入了窗洞口的铝合金框进行水平和垂直校正,并用木楔块把窗框临时紧固在墙的窗洞中,再用水泥钉将连接钢板固定在窗洞的墙边,如图 3-82 所示。如窗框较大,则可采用膨胀螺栓的方法固定。

在铝合金窗框边修理原有的保护物,或重新粘贴保护胶带纸,然后再进行周边水泥砂浆塞口和修平及相应抹灰工作,待砂浆固结硬化后再撕去保护胶带纸。

4) 上窗安装

上窗安装,指的是上部固定亮子安装。本题中图示的为固定亮子,则可将玻璃直接安放在窗框的横向工字形铝合金上,然后用玻璃压条线固定玻璃,并用塔形橡胶条或玻璃胶密封。如果上窗是可以开启的窗,则应按照安装扇的方法先装好扇,再设置相应的开启配件。

5) 窗扇安装

对于平开窗扇,是通过窗扇顶与窗扇底的风撑安装实现扇与框的连接,起到了铰链的作用,如图 3-83 所示。

执手是用于将窗扇关闭的扣紧装置,并能控制窗扇开启的位置。为了安装方便,一般先安装执手,然后安装风撑。风撑是决定窗扇开闭角度的重要配件,有 90°和 60°两种规格。

执手的把柄位置在窗框中的中梃工字形铝合金料的室内一侧,安装在相应的两窗扇的边梃上,采用连接螺钉固定。当窗扇的高度大于 1000mm 时,可在上下不同高度安装两个执手柄装于扇梃上,扣件装于框梃上。

另外,有一种型号的执手,由执手柄和扣件两部分组成,扣件装于框梃上,则执手柄装于扇梃上。

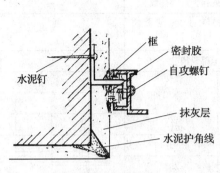

图 3-82 窗框的固定

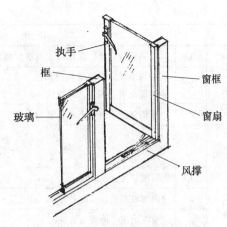

图 3-83 扇与框之间的风撑连接

风撑的基座装于窗框架上,使风撑藏在窗框架和窗扇架之间的空位中,风撑基底用抽芯铝铆钉与窗框的内边固定。在窗扇的上下两端对应位置,所安装的风撑基座必须对称。风撑基座的安装一般在立框安装前进行,也有的在框拼装时由铝合金窗制作者安装,以确保位置的准确性。

窗扇与风撑的连接安装,一般常在施工现场进行。扇与风撑的连接有两点:一处是与风撑的小滑块,一处是风撑的支杆。这两点均定位于一个连杆上,与窗框固定连接。该连杆与窗扇的固定,可用抽芯铆钉、或自攻螺钉。该连杆移动后,应能使窗扇开启到设计规定的角度。

6) 拉手与玻璃的安装

有的窗扇上要安装拉手,安装拉手的方法如下:装拉手前先在窗扇边梃的中部,用锉刀或铣刀把边梃上压线条的槽锉开一个缺口,再把装在该处的玻璃压线条切一个缺口,缺口大小按拉手尺寸而定。然后,钻孔用自攻螺钉将其固定在扇梃上。

玻璃的尺寸应小于窗扇框内边尺寸 15mm 左右。将裁好的玻璃放入窗扇框边,并马上把玻璃压条线装卡到窗扇框内边的卡槽上。然后,在玻璃板的内外侧各压上一周边的塔形密封橡胶条。

(6) 铝合金、塑料门窗的质量验收

铝合金门窗安装施工与塑料门窗安装施工的质量验收,必须对照《建筑装饰装修工程质量验收规范》GB 50210—2001 的金属门窗安装工程、塑料门窗安装工程的有关规定进行。

现按照实习题目,拟制以下相应的质量检测评分表,见表 3-5、表 3-6。

铝合金窗实训安装工程质量检验评分表 表 3-5

		项 目 内 容	质量检测记录
主控项目	1	开启方向、安装位置及连接方式应符合设计要求	
	2	防腐处理、填缝与密封处理应符合设计要求	
	3	框的固定点、数量、位置及固定方法应符合设计要求	
	4	扇的开启灵活、关闭严密	
	5	窗配件的型号、规格、数量应符合设计要求,安装牢固,位置正确、功能满足使用要求	

续表

		项 目 内 容		质量检测记录			
一般项目	1	窗表面应洁净，大面应无划痕、碰伤，漆膜或保护层应连续					
	2	框与墙体之间的缝隙应填嵌饱满，并采用密封胶密封。密封胶表面应光滑、顺直，无裂纹					
	3	扇的橡胶密封条或毛毡密封条应安装完好，不得脱槽					
允许偏差		项　目	允许值（mm）	检 测 记 录			
				1	2	3	4
	1	窗槽口宽度、高度	1.5				
	2	窗槽口对角线长度差	3				
	3	窗框的正、侧面垂直度	2.5				
	4	窗横框的水平度	2				
	5	窗竖偏离中心					
检测数		合格数		合格率	%	评分	

塑料窗实训安装工程质量检验评分　　　　表3-6

		项 目 内 容		质量检测记录			
主控项目	1	开启方向、安装位置及连接方式应符合设计要求					
	2	填嵌密封处理，内衬增强型钢应符合规定					
	3	框的固定点、数量、位置及固定方法应符合设计要求					
	4	扇的开启灵活、关闭严密					
	5	窗配件的型号、规格、数量应符合设计要求，安装牢固，位置正确、功能满足使用要求					
	6	框与墙间的孔隙采用闭孔弹性材料填嵌饱满，表面应采用密封胶密封。密封胶粘结牢固、表观符合要求					
一般项目	1	窗表面应洁净，平整、光滑，大面无划痕、碰伤					
	2	扇的密封条不得脱槽					
	3	玻璃密封条与玻璃及玻璃槽口的接缝应平整，不得卷边、脱槽					
允许偏差		项　目	允许值（mm）	检 测 记 录			
				1	2	3	4
	1	窗槽口宽度、高度	2				
	2	窗槽口对角线长度差	3				
	3	窗框的正侧面垂直度	3				
	4	横框的水平度	3				
	5	标框标高	5				
	6	竖向偏离中心	5				
	7	相邻窗扇高度差	2				
	8	铰链部位配合间隙	+2，-1				
检测数		合格数		合格率	%	评分	

（7）质量问题

1）铝合金门窗安装中的质量问题一般有以下几种：

（a）门窗框与墙体的缝隙处理不当，常直接采用水泥砂浆塞嵌。

铝合金门窗框固定后，必须及时处理好框与墙体的缝隙。如设计无规定时，应采用矿棉或玻璃棉分层填塞缝隙，外表面留 5~8mm 深槽口填嵌缝油膏，严禁用水泥砂浆填塞。

（b）外墙面窗槽口内积水，发生渗水。

其原因为未钻排水孔，窗台未留排水波，或密封胶过厚掩埋下了框而阻塞框中的排水孔。

（c）已安装的门窗框被施工时的灰浆修玷污

其原因为，门窗框的保护胶带在粉刷前被撕掉，粉刷时又未采取遮掩措施。

2）塑料门窗安装中的质量问题一般有以下几种：

（a）门窗框松动

产生原因为：固定方法和措施不对，例如对松散砌体材料的墙体采用射钉，则固定力不足。

（b）门窗周框间隙未填软质材料

产生原因为：不了解塑料门窗的性能，在框周缝隙中填嵌硬质材料或有腐蚀性的材料，如沥青软质的材料，影响了塑料的强度，使PVC受腐蚀。

（c）门窗框安装后变形

产生的原因为：安装中连接螺钉有松紧不同情况。框周间隙嵌缝材料填得过紧，施工中框上搁置脚手板或吊垂物。

（d）门窗框周边缝隙处理不当，软质材料填嵌过少，或过满而无法填设密封胶。

（e）连接螺钉直接锤入门窗框内，形成框型材杆体变形甚至破裂，故使用自攻螺钉时，应先用手电钻引孔，不能图省力少事而直接锤击打入螺钉。

（f）门窗表面被弄脏

产生原因为：施工程序有误、产品保护措施不到位。

事实上，塑料与铝合金门窗安装中的质量问题，往往具有共性的现象，在此不再一一列举。

铝合金、塑料门窗安装施工中的产品保护措施，可参照木门与玻璃部分的有关内容。

3.1.4 木质门套安装

（1）木质门套构造施工图。木门套构造施工示意如图3-84所示。从施工图中可看出，门洞口为1200mm（宽）×2500mm（高），门框的冒头边梃杆件裁面尺寸为60mm×95mm。现假定墙面均为18mm厚的混合砂浆底、纸筋灰面的抹灰装饰方式，地面为木地板与150mm高的木踢脚线。并且，以详图中看出，门套的筒子板为五夹板、盖灰条为20mm×55mm，贴脸板为25mm×110mm，贴角条为15mm×15mm，盖灰条、贴脸板、贴角条均带有装饰线脚。

（2）材料与构配件

根据施工图所示，门套安装所需的材料有如下几种。

1）面料：五夹板、贴脸板、盖灰条、贴角条。

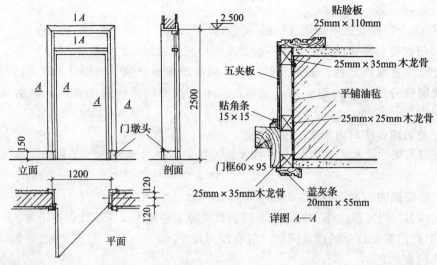

图 3-84 木门套构造施工图

2) 龙骨料：25mm×25mm 与 25mm×35mm 两种，或 25mm 的板材，为松木或杉木。

3) 油毡：石油沥青油毡。

4) 固定钉：圆钉、水泥钉、无头钉。

5) 自胶：木材粘胶。

在计算材料的用量时，应考虑使用时的配料尺寸与搭接的消耗情况。对于简单的工程常使用按实计算的方法求得备料数。

(3) 机具

1) 木工手工工具：锯、刨、锤、量尺、划线具等。

2) 锯、割机械：圆锯机、手压刨机等。

3) 手提机具：电钻、气钉枪等。

4) 手提机具：线坠、吊线板、水平尺等。

(4) 施工工艺流程

木门窗安装施工工艺流程如图 3-85 所示。

(5) 工艺施工技术

1) 施工准备

在安装施工之前，应做好以下几项准备工作：

(a) 墙面抹灰的灰饼应做出，明确墙身两面的抹灰尺寸大小。

(b) 对门的设置位置已定出，尤其是门的垂直标高位置控制线要已弹出。

(c) 材料、配件应进场，并对其进行验收。

2) 安装龙骨

龙骨与墙体的固定，有墙身上间隔 400mm 预埋防腐木砖或直接采用水泥钉两种方法。前者固定的牢度较好，后者施工的过程比较简便。

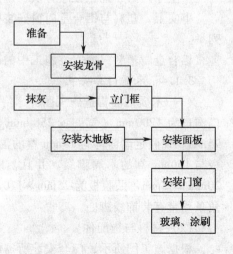

图 3-85 木门窗安装施工工艺流程图

龙骨的安装，常先制成片状框架结构，然后把油毡紧贴墙口侧边，将框架片用少量圆钉或水泥钉临时固定于相应的设计位置，并进行仔细的检测与调整，合乎要求后再加设钉子最终固定。

3）安装门框

根据一定的要求和做法，安装门框。

有时，设计中把门框与门套龙骨作为一个整体安装，如图3-86所示，则在制作龙骨框架中一起进行安装，之后再钉设门框的裁口条。

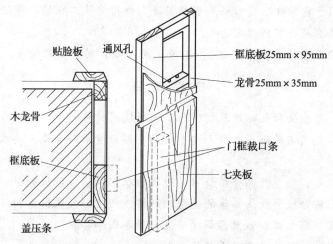

图3-86 门框与门套龙骨结合构造节点

门框的下部，必须设置水平拉结条，以防框的底部变形而影响梃的垂直度和平整度。在龙骨架及框安装好后，应对其设置保护，常采用纤维板或三夹板钉置于门框及木龙骨上，高度不小于1800mm，以防碰撞损坏、抹灰玷污。

4）安装面板

待墙面抹灰工程结束后，就可以安装面板，即筒子板、贴脸板、盖灰条等。

筒子板采用五夹板制作，选择光洁、木纹美观、木质坚硬的一面作看面（即朝向门口），木纹的走势应沿垂直方向，并使根部木纹往下，梢部木纹向上。筒子板上应钻设通风孔，通风孔的直径为4mm左右，位置可以在筒子板的上端和下端，每排钻3～4个；也可以间距为400mm左右一排，每排钻2个孔。对于相应的门套横向木龙骨，其中间应设置垂直方向的通风孔或通风槽。筒子板与木龙骨之间先用白胶粘合，再使用气钉枪加设无头钉固定。

盖灰条与贴脸板安装前，应先安装门洞口与踢脚线交接处节点设置——门墩头。门墩头比相应的盖灰条或贴脸板外表面突出2～5mm，其木纹应垂直安置，高度比踢脚板上口面高出5mm左右，其装饰线脚应与上部的盖灰条或贴脸板相匹配。

盖灰条与贴脸板，一个方向面应采用整料制作，不适于中间顶接，在纵横的交接处应"八"字角相交。应该先安装垂直方向的杆件，再安装水平方向的杆件。一般采用胶粘结与无头钉固定，必须安装得挺括、横平竖直、密封牢固。注意花纹线脚，木纹走势的对称性。

贴角条的安装方法基本同盖灰条相似。

当门套各杆件分别安装后,应立即进行涂刷施工。或者采取相应的产品保护措施,例如遮盖、隔离、阻挡等方法,以防玷污和碰撞损坏。

(6) 安装的质量验收

木门套的安装质量验收,应按相应的质量验收标准进行。下面为《建筑装饰装修工程质量验收规范》GB 50210—2001 中门窗帘箱、门窗套的制作安装质量验收标准。

附：

12.3.1 本节适用于窗帘盒、窗台板和散热器罩制作与安装工程的质量验收。

12.3.2 检查数量应符合下列规定：

每个检验批应至少抽查3间(处),不足3间(处)时应全数检查。

主控项目

12.3.3 窗帘盒、窗台板和散热器罩制作与安装所使用材料的材质和规格、木材的燃烧性能等级和含水率、花岗石的放射性及人造木板的甲醛含量应符合设计要求及国家现行标准的有关规定。

检验方法：观察；检查产品合格证书、进场验收记录、性能检测报告和复验报告。

12.3.4 窗帘盒、窗台板和散热器罩的造型、规格、尺寸、安装位置和固定方法必须符合设计要求。窗帘盒、窗台板和散热器罩的安装必须牢固。

检验方法：观察；尺量检查；手扳检查。

12.3.5 窗帘盒配件的品种、规格应符合设计要求,安装应牢固。

检验方法：手扳检查；检查进场验收记录。

一般项目

12.3.6 窗帘盒、窗台板和散热器罩表面应平整、洁净、线条顺直、接缝严密、色泽一致,不得有裂缝、翘曲及损坏。

检验方法：观察。

12.3.7 窗帘盒、窗台板和散热器罩与墙面、窗框的衔接应严密,密封胶缝应顺直、光滑。

检验方法：观察。

12.3.8 窗帘盒、窗台板和散热器罩安装的允许偏差和检验方法应符合表12.3.8的规定。

表12.3.8 窗帘盒、窗台板和散热器罩安装的允许偏差和检验方法

项次	项 目	允许偏差(mm)	检 验 方 法
1	水平度	2	用1m水平尺和塞尺检查
2	上口、下口直线度	3	拉5m线,不足5m拉通线,用钢直尺检查
3	两端距窗洞口长度差	2	用钢直尺检查
4	两端出墙厚度差	2	用钢直尺检查

附：12.4 门窗套制作与安装工程

12.4.1 本节适用于门窗套制作与安装工程的质量验收。

12.4.2 检查数量应符合下列规定：

每个检验批应至少抽查3间（处），不足3间（处）时应全数检查。

主 控 项 目

12.4.3 门窗套制作与安装所使用材料的材质、规格、花纹和颜色、木材的燃烧性能等级和含水率、花岗石的放射性及人造木板的甲醛含量应符合设计要求及国家现行标准的有关规定。

检验方法：观察；检查产品合格证书、进场验收记录、性能检测报告和复验报告。

12.4.4 门窗套的造型、尺寸和固定方法应符合设计要求，安装应牢固。

检验方法：观察；尺量检查；手扳检查。

一 般 项 目

12.4.5 门窗套表面应平整、洁净、线条顺直、接缝严密、色泽一致，不得有裂缝、翘曲及损坏。

检验方法：观察。

12.4.6 门窗套安装的允许偏差和检验方法应符合表12.4.6的规定。

表12.4.6 门窗套安装的允许偏差和检验方法

项次	项 目	允许偏差（mm）	检 验 方 法
1	正、侧面垂直度	3	用1m垂直检测尺检查
2	门窗套上口水平度	1	用1m水平尺和塞尺检查
3	门窗套上口直线度	3	拉5m线，不足5m拉通线，用钢直尺检查

下表仅作为木质门套实训安装用的质量检测评分表格。

木质门套安装工程质量验收评分表　　　　　　　　　　表3-7

		项 目 内 容	质量检测记录
主控项目	1	木材的材质、规格、花纹和颜色应符合设计要求	
	2	木材的燃烧性、甲醛含量应符合国家的现行标准	
	3	门套的造型、尺寸和固定方法应符合设计要求，安装应牢固	
一般项目	1	门窗套表面应平整、洁净，不得有裂缝、翘曲及损坏	
	2	线条顺直、接缝严密、色泽一致	

续表

	项 目	允许值（mm）	检测记录			
			1	2	3	4
允许偏差	1 正侧面垂直度	3				
	2 门套上口水平度	1				
	3 门套上口直线度	3				
	4 左右门墩头高低差	1				
检测数		合格数		合格率	%	评分

(7) 质量问题

木质门窗套在制作与安装中的质量问题，常有以下的情况。

1) 固定不牢固

产生原因：没有按规定的方法进行固定，例如水泥钉设位置不对、钉的长度太短、钉的用量过少等。

2) 表面观感不好

产生原因：木材的材质不良、颜色不协调、木纹走势没有安排好，木纹的疏密不统一，或产品保护措施没有做好，受到玷污或损坏。

3) 粗糙不细致

产生原因：施工马虎、表面没有刨削平整、拼接不平、离缝现象严重、线脚不清，钉印、锤印、刨痕现象出现，接角不方正等。

4) 膨胀泛潮

产生原因：筒子板上及龙骨杆件上没有钻设通风孔，洞壁面没有设置油毡防潮层，致使墙中的潮气留置在门窗套内，产生湿胀、干缩的现象严重，湿气腐蚀木质材料等。

3.2 拓展项目

3.2.1 项目名称与施工图

图 3-87 为铝合金转门的施工图。

图 3-88 为石质内外窗套的施工图。

我们以此为例，进行相应的安装施工，必须做好有关的技术工作。

3.2.2

(1) 翻样工作——做有关的翻样工作

在熟读施工图的基础上，查阅相应的详图、标准图、有关的产品目录及产品说明书，根据转门、石质窗套的设置部位，结合施工的能力与条件，做好相应的翻样工作。

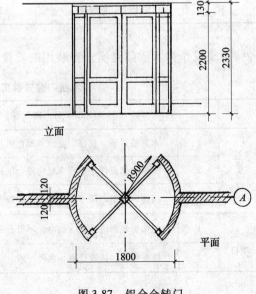

图 3-87 铝合金转门

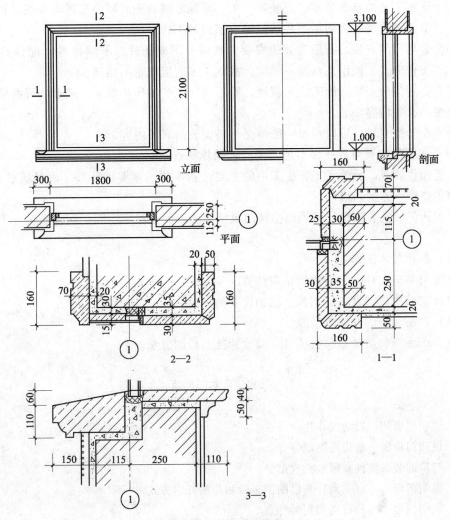

图 3-88 石质内外窗套

对于铝合金转门安装工程,则应确定转门的型号、品种,按照市场运作的规则出图、造单,以便有关人员采购,并尽量争取转门生产厂家的专业人员来安装。当然,也可以施工单位自己安装,以降低安装成本费用。

对于石质内外窗套安装工程,则应根据设计要求,选择石材的材质、绘制各种类型饰件的翻样图,编制相应的外加单,以供有关人员去采购或加工。木窗套石质饰件,外窗套可采用花岗石剁斧板,内窗套可采用大理石抛光板。

花岗石和大理石的组成化学成分不相同,性质也有差异,使用地点与对象也有所区别。

在进行石质饰件的翻样时,应该考虑石质饰件在窗洞口的固定节点设计。石质饰件的固定有使用水泥砂浆直接粘贴、绑扎灌浆固定、通过扣件与挂件固定等几种方法,前二者称为湿作业法,后者称为干挂法。

(2)施工工艺流程——编写施工工序工艺的流程图

施工工艺流程反映了工程的安装顺序,一般用施工工艺流程图来表示,能比较清楚地表达各个施工工艺的步骤节点，反映各个工艺步骤之间的先后顺序与逻辑关系，也可看出某些工艺节点的进展前提附加条件或后续应该做的工作。

铝合金转门的安装、石质窗套的安装，这两个不同条件、不同材料（配件）的安装工程，其工作方式、使用工具均不相同，故施工工艺流程也不相同。

铝合金转门的安装，施工工艺流程，除了现场准备工作步骤外，其余的可参照产品安装说明书的有关内容。

石质窗套的安装，可以参照一般饰面材料安装的有关内容。

（3）工艺操作要点——编写施工要点或操作要点

工艺操作要点，反映了工艺施工中的主要注意事项、重要的环节、确保质量、安全、进度的主要操作方法和规程。

对于转门的安装工程，必须包括转门灵活旋转、固定稳定牢固、配件安装合乎要求等内容。

（4）其他技术工作

（1）材料与配件、构件的列举与计算。

（2）安装中机械设备、工具、辅助设备的配置。

（3）产品保护的方法或措施。

（4）产品安装质量的验收项目、验收标准、检测方法。

思考题与习题

1. 说明门窗的一般功能作用。
2. 说明门窗的一般构造组成部分。
3. 门窗的装饰饰件有哪些组成部分？
4. 说明门窗的开启类别，并以图例表示相应的开启方式。
5. 说明门窗中各种材料类别的特点。
6. 常用的门窗玻璃有哪几种？各有什么特点？
7. 防火门的构造中有什么要求？
8. 说明保温隔声门窗的结构特征。
9. 门窗工程的施工中，应该阅读哪些图纸？能够取得哪些相应的实际内容？
10. 说明图纸交底的目的和内容。
11. 门窗安装工程中，一般应该准备哪些材料？
12. 说明门窗安装施工中用的手动机电工具的类别及相应的品种。
13. 说明门窗安装施工中弹线定位的一般要求和基本方法。
14. 说明金属门窗安装中临时固定的基本要求和方法。
15. 为什么在塑料与铝合金安装中，框与洞口缝应使用软质填料？
16. 为什么要进行门窗安装工程的施工质量验收？
17. 门窗安装质量的要求主要体现在哪几个主要方面？
18. 门窗安装成品的产品保护措施有哪些？
19. 场地清理有什么重要性？

20. 说明门窗工程中整理资料的类别与内容。
21. 木门安装中有哪些工艺技术要点?
22. 木门窗安装施工中一般会出现哪些质量问题?
23. 双扇玻璃门安装中的关键环节有哪些?
24. 铝合金门窗、塑料门窗的安装中,各有哪些关键环节?
25. 木质门窗套安装中,一般会出现哪些质量问题?
26. 石质窗套的工作内容有哪些?
27. 分别编写转门安装与石质窗套安装工程的施工工艺流程图。
28. 编写石质窗套安装的工艺操作要点。
29. 编制石质窗套安装的施工质量验收检测表格。
30. 说出石质窗套施工中的常见质量问题及产生的原因,指出防止产生的措施或方法。

主要参考文献

1 陈世霖. 当代建筑装修结构施工手册. 北京：中国建筑工业出版社，1999
2 编委会. 建筑工程质量监控与通病防治全书. 北京：中国建材工业出版社，2000
3 丁哲，谢剑洪. 内装修 2003 年合计本（J502—1—3）. 北京：中国建筑标准设计研究院出版. 2004
4 雍本. 装饰工程施工手册. 北京：中国建筑工业出版社，1992
5 高祥生. 现代建筑门窗设计精选. 江苏：科学技术出版社，2002
6 编委会. 最新建筑高级装饰使用全书. 北京：中国建材工业出版社，1998
7 王奎杰. 建筑施工验收. 北京：中国环境科学出版社，1999
8 王寿华，王比君. 木工手册. 北京：中国建筑工业出版社，1990
9 饶勃. 实用木工手册. 上海：上海交通大学出版社，1994
10 房志勇，林川. 建筑装饰. 北京：中国建筑工业出版社，1992
11 姚翔翔，黄维彦，高祥生. 现代建筑墙体、隔断、柱式设计精选. 江苏：科学技术出版社，2003
12 王朝熙. 装饰工手册. 北京：中国建筑工业出版社，1992
13 冯美宇. 建筑装饰装修构造. 北京：机械工业出版社，2004
14 陈卫华. 建筑装饰构造. 北京：中国建筑工业出版社，2000